菅直人

東電福島原発事故 総理大臣として考えたこと

GS 幻冬舎新書 283

はじめに

私の総理大臣在任期間は、二〇一〇年六月八日から二〇一一年九月二日までの四五二日間であった。在任中の最大の出来事は、いうまでもなく、東日本大震災と東京電力・福島原発事故である。退任直後から、この原発事故に遭遇した総理として、何らかの記録を残すことが必要だと考えていた。

総理退任から一年が経過し、政府事故調（政府事故調査委員会）など各種の調査報告も出そろったので、記憶が薄れないうちに書き留めておこうと筆を執った。

私としては、私が知る事実をできるだけ正確に明らかにしたい。その上で、単に事実をなぞるだけではなく、原発事故の渦中で私自身が総理大臣として、何を考え、どう決断をし、どういう気持ちで行動したかを、当時を思い出しながら述べてみたい。

政治家の行動・仕事を評価するのは政治家本人ではない。私自身は私心を捨てて命懸けで行動したつもりだが、評価をするのは私ではない。政治家の行動についての評価は最終的には歴史に委《ゆだ》ねるしかないと思っている。

東電福島原発事故　総理大臣として考えたこと／目次

第一章 回想 ――深淵をのぞいた日々 44

三月一一日・金曜日

序章

覚悟

大震災と原発事故から一年半が経過した現在でも、最初の一週間の厳しい状況が頭に浮かぶ。大震災発生の三月一一日から一週間、私は官邸で寝泊まりし、ひとりの時は総理執務室の奥にある応接室のソファーで防災服を着たまま仮眠をとっていた。仮眠といっても、身体を横にして休めているだけで、頭は冴えわたり、地震・津波への対処、そして原発事故がどこまで拡大するか、どうしたら拡大を阻止できるのかを必死で考えていた。熟睡できた記憶はない。

チェルノブイリ原発事故と東海村JCO臨界事故

震災については、一九九五年の阪神・淡路大震災の記憶が鮮明で、初動の重要性を考え、まず自衛隊の出動を急いだ。

原発事故に直接遭遇したのは、もちろん初めての経験だった。原発事故の怖さは、チェルノブイリ事故が起きてしばらくして事故報告書を読み、ある程度理解していた。しかしそれがまさか日本で起こるとは考えていなかった。

ソ連（当時）のチェルノブイリ原発事故は、日本とは違う黒鉛炉と呼ばれる古い型の原子炉で起きており、操作ミスが重なり、核反応が暴走して爆発し、大量の放射性物質が放出された。当時は、原子炉も旧式で、ソ連の技術レベルが十分でないために起きた事故と理解していた。日本は世界でもトップレベルの原発技術を擁しており、技術者も優秀で、日本の原発でチェルノブイリのような事故は起きるはずはないと信じていた。

しかしこれは原子力ムラの作った原子力の安全神話であったことを、いやというほど思い知らされることになった。

これまで日本で起きた最大の原子力事故は、一九九九年の東海村ＪＣＯ臨界事故だった。核燃料を扱う会社のずさんな管理から生じた臨界事故で、二人の作業員が被曝によって亡くなった。

当時、私は関心を持って詳しく調べたが、人為的なミスから生じた事故で、大きな原発事故につながるような事故とは認識しなかった。今考えると、人間はミスを犯すものであり、それを前提に原発事故に備えなくてはならないという教訓を生かせなかったことを反省している。

福島原発事故

私は東京工業大学で応用物理を専攻した。原子力については、学生時代に学んだ基本的な知識がある程度で、原子炉を設計したりしたことはなく、原子力の専門家ではない。しかし、文系出身の政治家よりは多少の「土地勘」があり、原発事故の状況を把握する上で役立った。

福島原発に関しては、地震発生後間もなく、自動緊急停止装置が働き、すべての原発が停止したという報告があった。それを聞いて、ほっとしたのを覚えている。しかしその後、津波の襲来とともに、全電源の喪失、さらに、冷却機能停止の報告が届いた。私は顔がひきつるような衝撃を受けた。原発は停止後も冷却を続けなければメルトダウン（炉心溶融）を引き起こすことを知っていたからだ。

私は、今回の事故まで、福島原発の現場に行ったことはなかった。事故発生直後、秘書官に調べさせると、福島第一原発には、六基の原発と七つの使用済み核燃料プールがあり、さらに一二キロほど離れた第二原発にも四基の原発と四つの燃料プールがあった。発電容量は第一原発の六基で四六九・六万キロワット、第二原発の四基で四四〇万キロワット、合計して九〇九・六万キロワットとなる。チェルノブイリ原発の一号から四号までを合わせた発電容量は三八〇万キロワットなので、その約二・四倍だが、チェルノブイリで事故を起こしたのは四号炉だけなので、福島第一と第二原発の核燃料や核廃棄物の量はチェルノブイリ四号炉の何十倍という量になる。

私は、福島県に東京電力の原発がこれほど集中して設置されていたことに改めて驚き、もしこれらの原発が制御不能になったらどうなるかを考え、背筋が寒くなった。そしてそのことは現実となった。

原発事故の悪化

地震・津波対策には、発災直後から松本龍防災担当大臣が危機管理センターに詰め、北澤俊美防衛大臣や警察を担当する中野寛成国務大臣（国家公安委員長）、消防を担当する片山善博総務大臣たちと連携を取って、直ちに動き出していた。

他方、原発事故は今後どのような展開を示すのか誰にも予想がつかなかった。震災と原発事故に対応する対策本部の立ち上げなど総理大臣としての役割を果たしながら、同時に私は原発事故の動向に神経をとがらしていた。

原発事故は悪いほうへ向かった。本来送電線からの電気が途絶えても、緊急用の大型ディーゼル発電機で電気を送ることになっているが、津波で緊急用発電機も停止し、すべての電源が喪失したのだ。

東電から要請を受け、すぐに緊急冷却装置のため電源車を送る手配をしたが、到着した電源車はプラグが合わないなどの理由で、結局、役に立たなかった。

初動

私は原発事故対策の初動がスムーズでないことに苛立《いらだ》っていた。

原子力事故対応の中心となるべき行政組織は原子力安全・保安院である。その保安院が初動において、現状の説明や今後の見通しについて何も言ってこないからだった。

私はこれまで厚生（現・厚生労働）大臣や財務大臣を経験したが、各省の官僚は関係する分野の専門家であった。そして、大臣が指示する前から彼らは方針を検討し、それを大臣に提案するのが通常の姿であった。しかし今回の原発事故では、最初に事故に関する説明に来た原子力安全・保安院の院長は原子力の専門家ではなく、十分な説明ができなかった。その後も、先を見通しての提案は何も上がってこなかった。

私はやむなく、事故発生後の早い段階から、総理補佐官や総理秘書官を中心に、官邸に情報収集のための体制を作り始めた。

燃え尽きない原子力発電所

原発は制御棒を挿入して核分裂反応を停止させても、核燃料の自己崩壊熱が出続けるため冷却を続けないと、原子炉の水が蒸発して空焚きの状態となり、やがてメルトダウンする。そこで、緊急停止した後も冷却しなければならないのだが、福島原発の場合、冷却装置を動かそうにも全電源が喪失し、冷却機能停止という深刻な事態となったのだ。

火力発電所の火災事故の場合、燃料タンクに引火しても、いつかは燃料が燃え尽き、事故は収束する。もちろん甚大な被害は出るが、地域も時間も限定される。危険であれば、従業員は避難すべきだし、消防隊も、これ以上は無理となれば撤退することもあり得るだろう。

だが、原子力事故はそれとは根本的に異なる。制御できなくなった原子炉を放置すれば、時間が経過すればするほど事態は悪化していく。燃料は燃え尽きず、放射性物質を放出し続ける。そして、放射性物質は風に乗って拡散していく。さらに厄介なことに、放射能の毒性は長期間にわたり、消えない。プルトニウムの半減期は二万四千年だ。

いったん、大量の放射性物質が出てしまうと、事故を収束させようとしても、人が近づけなくなり、まったくコントロールできない状態になってしまう。つまり、一時的に撤退して、態勢を立て直した後に、再度、収束に取り組むということは、一層の困難を伴うことになる。

報じられているように、事故発生から四日目の一四日夜から一五日未明にかけて、東電が事故現場から撤退するという話が持ち上がったが、それが意味するのは、一〇基の原発と一一の使用済み核燃料プールを放棄することであり、それによって日本が壊滅するかどうかという問題だったのだ。

最悪のシナリオ

原発事故が発生してからの一週間は悪夢であった。事故は次々と拡大していった。

これは後に分かったことであるが、事故発生初日の三月一一日二〇時頃、すでに一号機ではメルトダウンが起きていた。当時はまだ水が燃料の上にあるという報告もあったが、水位計自体がくるっていたのだ。翌一二日午後には一号機で水素爆発が起きた。一三日には三号機がメルトダウン、一四日にはその三号機で水素爆発。そして一五日、私が東電本店にいた六時頃、二号機で衝撃音があったと報告され、ほぼ同時に四号機で水素爆発が起きた。

私は最悪の場合、事故がどこまで拡大するか、「最悪のシナリオ」を自ら考え始めた。

事故発生後、米国は原発の五〇マイル（八〇キロ）の範囲からの退避を米国民に指示していた。多くのヨーロッパ諸国は東京の大使館を閉め、関西への移転を始めていた。

すべての原発の制御が不可能になれば、数週間から数か月の間に全原発と使用済み核燃料プールがメルトダウンし、膨大な放射性物質が放出される。そうなれば、東京を含む広範囲の地域からの避難は避けられない。そうなった時に整然と避難するにはどうしたらよいか。

一般の人々の避難とともに、皇居を含む国家機関の移転も考えなくてはならない。

私は事故発生から数日間、夜ひとりになると頭の中で避難のシミュレーションを繰り返していたが、三月一五日未明、東電撤退問題が起きるまでは、誰とも相談はしていない。あまりにも事が重大であるため、言葉にするのも慎重でなくてはならないと考えたからである。

原子力委員長のシナリオ

私自身が「最悪のシナリオ」を頭の中で考えていた頃から一週間ほど後、現地の作業員、自衛隊、消防などの命懸けの注水作業のおかげで最悪の危機を脱しつつあると思われた二二日頃だったと思うが、細野豪志補佐官を通して、原子力委員会の委員長、近藤駿介氏に、事故が拡大した場合の科学的検討として、最悪の事態が重なった場合に、どの程度の範囲が避難区域になるかを計算して欲しいと依頼した。

これが「官邸が作っていた『最悪のシナリオ』」とマスコミが呼んでいるもので、三月二五日に近藤氏から届いた「福島第一原子力発電所の不測事態シナリオの素描」という文書のことだ。

これは最悪の仮説を置いての極めて技術的な予測であり、「水素爆発で一号機の原子炉格納容器が壊れ、放射線量が上昇して作業員全員が撤退したとの想定で、注水による冷却ができなくなった二号機、三号機の原子炉や、一号機から四号機の使用済み核燃料プールから放射性物

事故が収束できなかった場合の強制移転の区域（170km）と移転希望を認める区域（250km）のシミュレーション

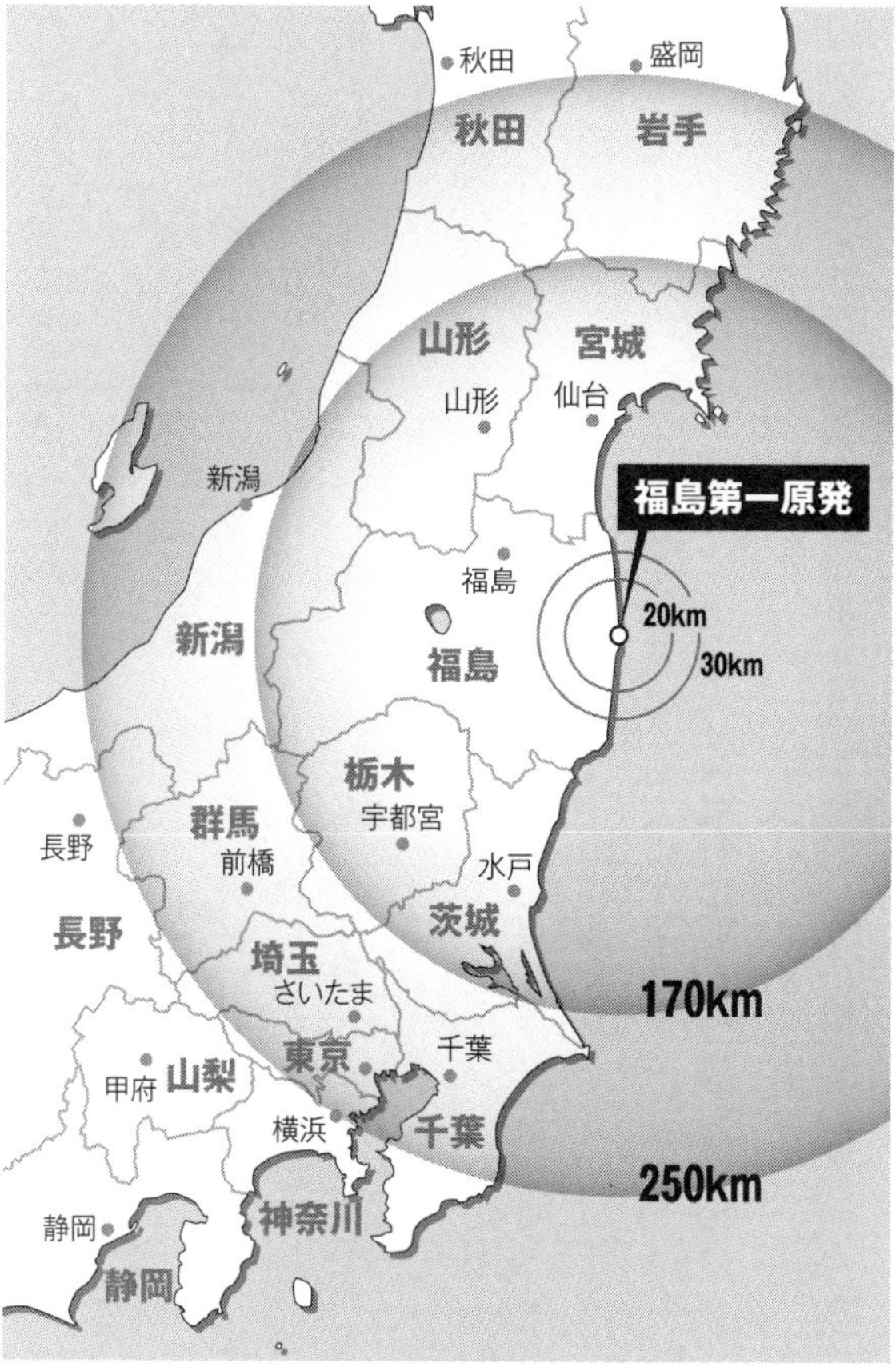

著者の指示で、近藤駿介原子力委員会委員長が試算し作成した（平成23年3月25日）、「福島第一原子力発電所の不測事態シナリオの素描」を基に地図を作成。

質が放出されると、強制移転区域は半径一七〇キロ以上、希望者の移転を認める区域が東京都を含む半径二五〇キロに及ぶ可能性がある」と書かれていた。

私が個人的に考えていたことが、専門家によって科学的に裏付けられたことになり、やはりそうであったかと、背筋が凍りつく思いだった。

誤解のないように記すと、この「最悪のシナリオ」の数字、半径二五〇キロまでの避難とは、すぐに避難しなければならなかった区域という意味ではない。たとえ、最悪の事態となったとしても、東京からの避難が必要となるまでには、数週間は余裕があるという予測でもある。

『日本沈没』が現実に

それにしても、半径二五〇キロとなると、青森県を除く東北地方のほぼすべてと、新潟県のほぼすべて、長野県の一部、そして首都圏を含む関東の大部分となり、約五千万人が居住している。つまり、五千万人の避難が必要ということになる。近藤氏の「最悪のシナリオ」では放射線の年間線量が人間が暮らせるようになるまでの避難期間は、自然減衰にのみ任せた場合で、数十年を要するとも予測された。

「五千万人の数十年にわたる避難」となると、SF小説でも小松左京氏の『日本沈没』くらいしかないであろう想定だ。過去に参考になる事例など外国にもないだろう。

この「最悪のシナリオ」は、たしかに非公式に作成されたが、政治家にも官僚にも、この想定に基づいた避難計画の立案は指示していない。どのように避難するかというシナリオまでは作っていなかった。

つまり、「五千万人の避難計画」というシナリオは、私の頭の中のみのシミュレーションだった。

私の頭の中の「避難シミュレーション」は大きく二つあった。一つは、数週間以内に五千万人を避難させるためのオペレーションだ。「避難してくれ」との指示を出すと同時に計画を提示し、これに従ってくれと言わない限り、大パニックは必至だ。

現在の日本には戒厳令*は存在しないが、戒厳令に近い強権を発動する以外、整然とした避難は無理であろう。

だが、そのような大規模な避難計画を準備しようとすれば、準備段階で情報が漏れるのも確実だ。メディアが発達し、マスコミだけでなくインターネットもある今日、情報管理は非常に難しい。これは隠すのが難しいという意味ではなく、パニックを引き起こさないように正確に伝えることが難しくなっているという意味である。そういう状況下、首都圏からの避難をどう進めたらいいのか。想像を絶するオペレーションだ。

鉄道と道路、空港は政府の完全管理下に置く必要があるだろう。そうしなければ計画的な移動は不可能だ。自分では動けない、入院している人や介護施設にいる高齢者にはどこへどのように移動してもらうか。妊婦や子どもたちだけでも先に疎開させたほうがいいのか。考えなければならない問題は数限りなくある。

どの段階で皇室に避難していただくかも慎重に判断しなければならない。

国民の避難と並行して、政府としては、国の機関の避難のことも考えなければならない。これは事実上の遷都となる。中央省庁、国会、最高裁の移転が必要だ。その他多くの行政機関も二五〇キロ圏内から外へ出なければならない。平時であれば、計画を作成するだけで二年、いや、もっとかかるかもしれない。それを数週間で計画から実施までやり遂げなければならない。

大震災における日本人の冷静な行動は国際的に評価されたが、数週間で五千万人の避難となれば、それこそ地獄絵だ。五千万人の人生が破壊されてしまうのだ。『日本沈没』が現実のものとなるのだ。

どうか想像して欲しい。自分が避難するよう指示された際にどうしたか。

引越しではないので、家財道具はそのままにして逃げることになる。何を持って行けるのか。家族は一緒に行動できるのか。どこへ避難するのか。西日本に親戚のある方は一時的にそこへ身を寄せられるかもしれない。しかし、どうにか避難したとして、仕事はどうする。家はどうする。子どもの学校はどうなる。

実際、福島第一原発の近くに住んでいた人々は、今、この過酷な現実に直面している。避難した約一六万人の人々は不安な思いで一日一日をおくっている。仕事、子どもの学校など将来の見通しが立たず、時間とともに不安が大きくなっていると思う。福島の人には、大変な苦労をおかけしている。もし五千万人の人々の避難ということになった時には、想像を絶する困難と混乱が待ち受けていたであろう。そしてこれは空想の話ではない。紙一重で現実となった話なのだ。

＊現在の法律には戒厳令は規定されていないが、総理大臣がかなり強い権限を持つ法律としては、国民保護法（武力攻撃事態等における国民の保護のための措置に関する法律）がある。しかし、これは武力攻撃あるいは大規模テロに対処するための法律なので、原発事故には適合しにくい。

総理大臣が布告できる緊急事態宣言としては、警察法第七十一条に「内閣総理大臣は、大規模な災害又は騒乱その他の緊急事態に際して、治安の維持のため特に必要があると認めるときは、国家公安委員会の勧告に基き、全国又は一部の区域について緊急事態の布告を発することができる。」とあり、災害対策基本法第百五条にも「非常災害が発生し、かつ、当該災害が国の経済及び公共の福祉に重大な影響を及ぼすべき異常かつ激甚なものである場合において、当該災害に係る災害応急対策を推進するため特別の必要があると認めるときは、内閣総理大臣は、閣議にかけて、関係地域の全部又は一部について災害緊急事態の布告を発することができる。」とある。しかし、総理大臣が国民に対し、どこまでの強制力を持つのかは具体的ではない。大規模地震対策特別措置法は、地震予知を受けて警戒宣言を出し、避難指示などをするもので、原発事故の放射能からの避難を定めたものではない。

大規模な自然災害、外国からの侵略やテロ、騒乱などの有事を想定した緊急事態基本法を作ろうという動きは以前からあり、二〇〇四年には、民主党、自民党、公明党の三党合意もなされたが、憲法で保障されている基本的人権が、財産権も含め大きく制限される可能性があるため、反対の声も多い。

さらに続く最悪のシナリオ

仮に、どうにか五千万人が避難できたとしても、「最悪のシナリオ」は終わらない。二五〇キロ圏内に数十年にわたり、人が住めなくなるという事態を想像して欲しい。その地域で農業、牧畜、漁業に従事していた人々は、住むところだけでなく職も失う。工場で働いていた人々も、大企業の工場であれば、国外を含めた他の工場へ配置転換されるかもしれないが、町工場はそのまま倒産、失業だろう。個人商店も同様だ。デパート、スーパーなどの流通業も全国規模の会社であれば倒産は免れるかもしれないが、人員整理は必至だ。鉄道、電力、ガス、通信といった地域サービスを提供する会社も東日本では仕事がなくなる。

安定している職のはずの公務員はどうだろう。国家公務員は国家再建という大仕事があるので、忙しくなるだろう。失業対策の意味からも、公務員の雇用を増やせということになるかもしれない。だが、二五〇キロ圏内にあった地方自治体の職員はどうなるのか。概念として、〇〇県とか〇〇村は存続しても、住民も散り散りとなってしまえば、もはや自治体としての機能は失う。圏外の役所に間借りして、帰れる日のために最低限の職員が残ることになるのか。

避難した人たちの住宅の手当も必要だ。一千万戸以上の仮設住宅など、不可能である。ホテル、旅館、空き家、空き室を国が借りて提供するとしても限度がある。

そして、一千万人以上になるであろう失業者をどうするか。地震、津波被害の復旧という仕事も、その地域そのものが避難区域になるわけだから、もはや存在しない。

学校はどうなるのだろう。避難区域内にあった私立の学校は経営が成り立たなくなる。大学も同じだ。学生や教授は避難できても、実験施設などはそのまま残していくしかない。病人や高齢者を受け入れられるだけの病院や施設はあるのか。

避難区域外の企業としても、取引先が東京であれば、売掛金の回収が不可能になるし、今後の得意先を失うことになる。直接・間接を問わず、全業種・全企業に影響が出る。

経済の混乱は必至である。そうなれば、株の取引も停止するしかない。円も大きく下落するだろう。日本経済全体が奈落の底に落ちていくことになる。

東京の地価は暴落どころではないかもしれない。一方で大阪や名古屋は地価が高騰するかもしれない。土地の売買の停止も必要になる。こうなると、資本主義、私有財産という概念も否定せざるを得ない。

海外に移住する人も出てくるだろう。まさに、『日本沈没』に描かれている状況だ。

いったい、国はいくら支出しなければならないのか。その財源はどこにあるのだ。

さらに、二五〇キロ圏内が避難という事態とは、同時に大気と海によって世界中に放射能をまき散らしている状況になっていることも意味する。そのことへの国際的非難と賠償を求める声に、日本は国としてどう対応できるのか。東電という民間企業に責任をなすりつけることは許されないだろうし、だいたい東電が対応できる次元のことではなくなっている。とても、ひとりでは考えられない規模のシミュレーションだった。


私の頭の中には、危機的状況が何度も浮かび上がった。

原発の重大事故は起きない。その前提に立って日本の社会はできていた。原発を五四基も作ったのもその前提があったからだ。法律も制度も、政治も経済も、あるいは文化すら、原発事故は起きないという前提で動いていた。何も備えがなかったと言っていい。だから、現実に事故が起きた際に対応できなかった。

政治家も電力会社も監督官庁も「想定していなかった」と言うのは、ある意味では事実なのだ。自戒を込めて、そう断言する。

だが、私は事故が起きてからは、想定外だろうがなんだろうが、すでに起きてしまった現実からは逃れられないと覚悟を決めた。

最高責任者としての悩み

二〇一一年三月一一日からの数週間、東日本は放射能という見えない敵によって占領されようとしていた。その敵は、外国からの侵略者ではない。多くの人にとって、そのような意識はないだろうが、日本が自分自身で生み出した敵なのだ。であればこそ、日本が自分の力で収束させなければならなかった。そのためには、犠牲者が出るのも覚悟しなければならない。そこまで事態は深刻化していった。

ソ連ではチェルノブイリ原発事故を収束させるために、軍が出動してヘリコプターから総計五千トンの砂や鉛《なまり》を投下して消火し、さらに半年ほどかけて「石棺《せっかん》」を作った。

最初の一〇日ほどの消火作業だけで兵士を中心とした作業員二〇〇名以上が入院し、約三〇名が急性被曝が原因で死亡したと伝えられるが、その後も含めて相当数の兵士が死亡したと言われている。何人の犠牲者が出たかは、ソ連という国柄もあり、よく分からない。決死の作業であったことは間違いない。しかし、日本においてソ連と同じような対応ができるのか。また、やっていいのか。

日本では、あの太平洋戦争までは「国のために死ぬ」のは当然のこととされ、戦争指導者は、沖縄戦などでは軍人だけなく民間人に対してもそれを強制してきた。戦後は、その反省から日本は「国のために死ぬ」ことを国民に求めない国として生まれ変わった。そして「人の命は地球より重い」とされてきた。

しかし実際に起きた福島原発事故を前にして、果たしてその考えだけで対応できるのか。原発事故の収束に失敗し、大量の放射性物質が東日本全体に、さらには世界中に放出されることになった時、日本はそして世界はどうなるのか。多くの日本人が命を失い、社会は大混乱し、日本は国家としての存亡の危機に陥ることは間違いない。命が危ないからといって、逃げ出すことが許されるのか。

私は政治信条として「最小不幸社会」の実現と言ってきた。不幸の原因の最大のものは戦争であり、そして重大原発事故も多くの人を不幸にする。これを阻止するのは政治の責任である。そして実行するためには国民はそれぞれの立場で責任を果たすことが重要である。もちろん、政治家や公務員にはより大きな責任がある。そして原発事故においては、当事者である東電社員にもそれぞれの立場で責任を果たしてもらわなくてはならない。

内閣総理大臣である私は、最悪の場合死ぬ恐れがあると知りながら、「行ってくれ」と命令しなければならない立場*にあった。

しかし「行ってくれ」と命令された人にとってはどうか。

妻や子どもといった家族もあり、仕事としての責任と、夫として、親としての責任を果たすため危ない所に行きたくないという思いの板ばさみになるだろう。

三月一一日からの数日間は、次々と制御できなくなっていく原子炉、放射能という目に見えない敵と、どう戦ったらいいのか、どこまで戦えるのかを自問自答する日々であった。このような切羽詰まった問題が、現実として目の前に存在していた。


*当時の私の置かれた立場について、作家・評論家の佐藤優氏は、三月一三日のブログで次のように述べている（佐藤優著『3・11クライシス！』（マガジンハウス刊）にも収録されている）。

「マスメディアの抑制された報道からでも、福島第一原発が危機的状況にあることを国民は察知している。首相は超法規的措置を恐れずに、必要な措置をとらなくてはならない。この場合、国家的危機を救うために生命の危険にさらされる任務があることをわれわれ国民はよく自覚しておく必要がある。戦後日本の国家体制は、近代主義によって構築されている。その核となるのが生命至上主義と個人主義だ。個人の命は何よりもたいせつなので、国家は生命を捨てることを国民に求めてはならないという考え方である。しかし、国際基準で考えれば明らかなように、どの国家にも無限責任が求められる職種がある。無限責任とは、職務遂行の方が生命よりも重要な場合のことだ。日本の場合、自衛官、警察官、海上保安官、消防吏員（消防士）、外交官などがその本性において、無限責任を負う。通常の場合、東京電力関係者に無限責任は想定されていない。しかし、福島第一原発の非常事態に鑑み、専門知識をもつ者が自己の生命を賭して、危機を救うための努力をすることが求められる。マスメディアは詳しく報道していないが、現場では日本の原子力専門家が危機から脱出するために、文字通り命がけで働いている。菅首相は、危機を回避するため無限責任を要求する超法規的命令を発することを躊躇してはならない。菅首相は民主的手続きによって選ばれた日本の指導者として、職業的良心に基づいて日本国家と日本人が生き残るために必要とされる全てのことを行うべきだ。」

東電撤退と統合本部

原発事故発生から数日間、事故の収束が見通せず、原子炉の制御不能状態が拡大する中で、私は、この原発事故を収束させるためには、自分自身を含め、たとえ命の危険があっても、逃げ出すわけにはいかないという覚悟を決めていた。しかし、原発事故対応の要となるべき行政組織、原子力安全・保安院からは何の提案も上がってこず、院長は二日目以降、ほとんど姿を見せなくなった。そうした時に東電撤退問題が起きた。

三月一五日午前三時、私が官邸で仮眠をとっていた時に秘書官から「経産大臣が相談したいことがあると言って来ています」と起こされた。そして海江田万里経産大臣がやって来て、東電の清水正孝社長から撤退したいという申し出があったと告げられた。

東電との詳しい経緯は次章で述べるが、「撤退すれば日本は崩壊する。撤退はあり得ない」と思っていた。それは東電だけでなく、自衛隊や消防、警察についても同じ気持ちだった。民間企業である東電職員にそこまで要求するのは通常であれば行き過ぎであろう。しかし、東電は事故を起こした当事者であり、事故を起こした東電福島原発の原子炉を操作できるのは東電の技術者以外にはいない。事故を収束させることは、東電関係者抜きでは不可能だ。それだけに、たとえ生命の危険があろうとも、東電に撤退してもらうわけにはいかないのだ。

私は同時に、政府と東電の統合対策本部を東電本店内に設けることが必要と判断し、細野豪志総理補佐官を私の代わりに事務局長として常駐させることを決断した。事故発生後、この原発事故収束には、東電と政府が一体であたらなくてはならないのに、撤退問題といった重要問題でさえ意思疎通が十分でなかった。これは事故の収束作戦を進める上で、致命傷になりかねないと考えたのだ。そして、清水社長を官邸に呼び、「撤退はない」と言い渡し、また「統合対策本部を東電本店内に置く」ことを提案し、了解を取り付けた。

私は、統合対策本部を立ち上げるため、三月一五日午前五時三五分、東電本店に乗り込んだ。「撤退」は清水社長だけの考えではなく、会長など他の幹部の判断も当然入っていたと考えたので、私は、会長、社長など東電幹部を前に、撤退を思いとどまるように説得するつもりで、渾身の力を気持ちに込めて次のように話した。

「今回の事故の重大性は皆さんが一番分かっていると思う。政府と東電がリアルタイムで対策を打つ必要がある。私が本部長、海江田大臣と清水社長が副本部長ということになった。これは二号機だけの話ではない。二号機を放棄すれば、一号機、三号機、四号機から六号機、さらには福島第二のサイト、これらはどうなってしまうのか。これらを放棄した場合、何か月後かには、すべての原発、核廃棄物が崩壊して放射能を発することになる。チェルノブイリの二倍から三倍のものが一〇基、二〇基と合わさる。日本の国が成立しなくなる。

何としても、命懸けで、この状況を抑え込まない限りは、撤退して黙って見過ごすことはできない。そんなことをすれば、外国が『自分たちがやる』と言い出しかねない。皆さんは当事者です。命を懸けてください。逃げても逃げ切れない。情報伝達は遅いし、不正確だ。しかも間違っている。皆さん、萎縮しないでくれ。必要な情報を上げてくれ。目の前のこととともに、一〇時間先、一日先、一週間先を読み、行動することが大切だ。

金がいくらかかっても構わない。東電がやるしかない。日本がつぶれるかもしれない時に撤退はあり得ない。会長、社長も覚悟を決めてくれ。六〇歳以上が現地へ行けばいい。自分はその覚悟でやる。撤退はあり得ない。撤退したら、東電は必ずつぶれる。」

これは同行した官邸の若いスタッフの聞き取りのメモを起こしたものである。

反転攻勢

私が東電本店に滞在していた三月一五日六時頃、二号機原子炉の圧力抑制室（サプレッションチャンバー）付近で大きな衝撃音が発生したとの報告を受けた。過大な圧力のため、サプレッションチャンバーの一部に穴が開いたものとみられる。格納容器全体が破壊されていれば、最悪の展開になっていた。

東電の対応はすべて後手に回っていた。特に東電本店は、ロジスティックの面で機能せず、バッテリーなど必要な機材さえ、事故発生から数日経っても現場に届いていなかったことが、テレビ会議の検証から分かってきた。統合対策本部ができてからは自衛隊や警察の協力が得やすくなり、大きく改善された。

放射能に一方的に攻め込まれた原発事故に対して、反転攻勢の動きが始まったのは、統合対策本部が立ち上がった翌日、自衛隊が注水のためにヘリを飛ばした三月一六日からだ。一六日は上空の線量が高かったため、注水を見送ったが、一七日は決死の覚悟で注水を実施した。これを契機に、自衛隊をはじめ消防、警察など、日本を救うため命懸けで頑張ろうと士気が高まった。米国、特に米軍の中に自衛隊が先頭を切ってやるなら全面的に支援しようという機運も高まった。

さらにベント（排気）によるのかそれとも穴が開いたことによるのか、まだはっきりしない点もあるが、原子炉内の圧力が低下したことで、注水が可能となった。その結果、原子炉の冷却ができるようになり、温度が徐々に下がり、原発の安定化に向かった。

神の御加護

もし、ベントが遅れた格納容器が、ゴム風船が割れるように全体が崩壊する爆発を起こしていたら、最悪のシナリオは避けられなかった。

しかし格納容器は全体としては崩壊せず、二号炉ではサプレッションチャンバーに穴が開いたと推定されている。原子炉が、いわば紙風船にガスを入れた時に、弱い継ぎ目に穴が開いて内部のガスが漏れるような状態になったと思われるのだ。

その結果、一挙に致死量の放射性物質が出ることにはならず、また圧力が低下したので外部からの注水が可能となった。

破滅を免れることができたのは、現場の努力も大きかったが、最後は幸運な偶然が重なった結果だと思う。

四号炉の使用済み核燃料プールに水があったこともその一つだ。工事の遅れで事故当時、四号機の原子炉が水で満たされており、衝撃など何かの理由でその水が核燃料プールに流れ込んだとされている。もしプールの水が沸騰してなくなっていれば、最悪のシナリオは避けられなかった。まさに神の御加護があったのだ。

こうして「最悪のシナリオ」は幸運にも遠ざかり、具体的な避難計画の立案を指示するという事態にまでは至らず、「五千万人避難のシミュレーション」は私の頭の中に留まった。

しかし、その後現在に至るまで、私の脳裏には常に五千万人の避難という「最悪のシナリオ」は居座り続けている。

日本崩壊の深淵をのぞく

総理退任後、「よりによって自分が総理の時にこんな大事故が起きるなんて運が悪いと思いましたか」と訊かれたことが何度かある。

私は運がいいとか悪いという感覚はなかった。嘆きもしなければ、これで名を上げてやるというような気負いもなかった。ただ、「これは運命だ」と思っていたのである。

運命だから逃げることはできない。そう自分に言い聞かせていた。

事故発生時から、常にチェルノブイリのことが頭にあったので、本書を執筆するにあたり、私と同じように地獄絵を見たはずの政治家、ソ連のゴルバチョフ氏の『回想録』を手に取ってみた。そこに書かれていることは、私が体験したことと酷似していた。

何か所か引用したい〈『ゴルバチョフ回想録』工藤精一郎、鈴木康雄訳（新潮社）〉。

「最初の数日われわれにはまだ十分な情報がなかったが、この問題は劇的な性格の問題となり、結果は非常に重大なものになるかもしれない、と直感的に感じとった。」

「私が知らされていることから判断して、人々の運命に対して誰かが無責任な態度をとったのではないかと疑うつもりはない。もし適時になされなかったことがあるとすれば、それは知らなかったためである。それが最大の理由である。政治家ばかりか、学者や専門家たちまでも事故への適切な対応の準備ができていなかったのだ。」

「極度に否定的な形をとって現れたのが、所管官庁の縄張り主義と科学の独占主義にしめつけられた原子力部門の閉鎖性と秘密性だった。私はこのことについて一九八六年七月三日の政治局会議で言った。『われわれは三十年間あなたたち、つまり学者、専門家、大臣から原発はすべて安全だと聞かされてきた。あなたたちも神のごとく見てほしいというわけだ。ところがこの惨事です。所管官庁と多くの科学センターは監督外に置かれていたのです。全システムを支配していたのは、ごますり、へつらい、セクト主義と異分子への圧迫、見せびらかしと、指導者を取巻く個人的、派閥的関係の精神です』」

「チェルノブイリを政治的取引きの具に悪用しようとする者があった。」

ほとんど日本の現状と同じである。この事故から五年後に、ソ連は崩壊した。私とゴルバチョフ氏は同じように重大な原発事故の深淵をのぞいたにもかかわらず、原発の将来については、まったく異なる結論に達した。

ゴルバチョフ氏が原発は不可欠とする判断に立ったのとは反対に、私は脱原発を決意した。

原発問題は哲学である

三・一一の福島原発事故を体験して、多くの人が原発に対する考えを述べている。

原発をめぐる議論で思い出すのは、昨年(二〇一一年)の第一回の復興構想会議冒頭に、哲学者の梅原猛さんが、今回の原発事故は「文明災だ」と看破されたことだ。

原発問題は単なる技術論でも、経済論でもなく、人間の生き方、まさに文明が問われている。原発事故は間違った文明の選択により引き起こされた災害と言える。であれば、なおさら、脱原発は技術的な問題というよりも、最終的には国民の意思だ。哲学の問題とも言える。

私自身も、三・一一原発事故を体験し、人間が核反応を利用するのは根本的に無理があり、核エネルギーは人間の存在を脅かすものだと考えるようになった。

ギリシャ神話に「プロメテウスの火」という有名な話がある。私は小学生の頃から父親から何度もこの話を聞いて育った。火を知らない人類に、プロメテウスが火を教えてやった。すると、ゼウスが「人類に火を与えると、大きな禍《わざわい》を生む原因になる」と怒り、プロメテウスはゼウスによって岩山にくくりつけられ、ワシに体をついばまれ、一生苦しみを味わった――そういう話だ。私の父親は、技術系のサラリーマンであったが、若い頃は文学青年だったようだ。この話を、何度か聞く中で、私はこの「プロメテウスの火」をコントロールするのが政治の役割だ、と考えるようになった。

そして、私が政治家になるきっかけの一つは核兵器というものの存在だった。一九五七年、世界中の科学者や哲学者が集まったパグウォッシュ会議が創設された。その会議で、核開発を反省したアインシュタイン、ラッセル、湯川秀樹らが結束して、核廃絶に動いた。この会議のことを学生時代に知り、科学技術は人間の幸せを予定調和的にもたらすものではないことを改めて認識した。

科学技術の進歩は蓄積されるが、人間一人ひとりの能力はそんなに進化しない。そこに生じるギャップゆえに、科学技術は制御不能になることがある。核兵器の開発などは、ネズミがネズミ獲りを作ってしまったような自己矛盾だ。そこが個性による作品である芸術と違うところだ。科学技術を取捨選択する英知を人間が発揮できるか――これが、私にとって若い時からの課題だった。

私が政治に携わる原点がここにある。東工大という理系の大学でありながらも政治に関心を抱き学生運動をしたのも、卒業後市民運動を始めたのも、政治家になったのも、科学技術が持つ矛盾をどうにかしたいとの思いがベースにあった。

人間との共存

人間など地球上の生物は太陽の恵みを受けて存在している。人間が利用してきたエネルギーは地熱を除き、元は太陽エネルギー由来だ。太陽のエネルギーも、もともとは核融合という核エネルギーだという意見もあろう。しかし太陽は地球から約一億五千万キロ離れており、この距離が放射能を弱め、太陽の核反応による放射能は地球上の人間にはほとんど影響がない。見方を変えれば、人間を含む地球上の生物は、太陽からの距離によって弱まった放射能と共存できるもののみが生まれ、そして存続していると考えるべきだ。

自然に存在する太陽と異なり、この数十年の間に人工的に地球上に作り出された核エネルギー発生装置、核兵器と原発は、人間と共存できるものなのか。深刻な矛盾を人間世界に突き付けている。私は人類が滅亡するとしたら、核が原因となると考えている。科学技術の発達が人間の存在を危うくしている矛盾がここにある。

私としては、何としても脱原発だけは実現させたい。それが、福島原発事故を総理として経験した政治家としての義務であると考えている。

【資料】「福島第一原子力発電所の不測事態シナリオの素描」のp.8、p.15より以下抜粋、転載（左写真、全15ページ、平成23年3月25日作成）

[事故連鎖の考え方] p.8から抜粋

> ①発生のリスクが比較的高い1号機の原子炉容器内或いは格納容器内で水素爆発が発生し、放射性物質放出。1号機は注水不能となり、格納容器破損に進展
>
> ②線量上昇により、作業員総退避
>
> ③2、3号機原子炉への注水／冷却不能、4号使用済燃料プールへの注水不能
>
> ④4号使用済燃料プールの燃料が露出し、燃料破損、溶融。その後、溶融した燃料とコンクリートの相互反応（MFCI）に至り、放射性物質放出。（次頁に使用済燃料プールの破損進展を示す）

[線量評価結果について] p.15から抜粋

> （前略）
>
> ■続いて、他の号機のプールにおいても燃料破損に続いてコアコンクリート相互作用が発生して大量の放射性物質の放出が始まる。この結果、強制移転をもとめるべき地域が170km以遠にも生じる可能性や、年間線量が自然放射線レベルを大幅に超えることをもって移転を希望する場合認めるべき地域が250km以遠にも発生することになる可能性がある。
>
> ■これらの範囲は、時間の経過とともに小さくなるが、自然（環境）減衰にのみ任せておくならば、上の170km、250kmという地点で数十年を要する。

第一章　回想
――深淵をのぞいた日々

改めて二〇一一年三月一一日の東日本大震災発生からの一週間を、なるべく時系列に沿って、振り返りたい。

三月一一日・金曜日

大地震発生前

二〇一一年三月一一日、一四時四六分、東日本大震災が発生した時、私は参議院決算委員会に出席していた。

当時の参議院は野党が過半数を占めるいわゆる「ねじれ」状態にあったため、野党の攻撃は激しかった。審議日程などでも野党の主張に配慮して決められ、総理大臣は予算委員会や決算委員会で長時間答弁にあたっていた。予算については憲法上、衆議院が優位にあることもあって、近年、参議院では決算委員会が特に重視されている。

決算委員会は、本来は前年度の予算を執行した結果である決算についての質疑応答の場である。しかしこの日の質疑では、決算それ自体ではなく、私の政治献金に関する問題が集中的に取り上げられていた。私が報告していた政治献金の中に外国人からのもの*があったという問題だ。

*その後、私は指摘を受け、弁護士に依頼して本人に確認してもらったところ、日本生まれの在日韓

国人で、国籍は韓国のままだということが分かり、献金は返却した。この問題では、東京地検への告発があったが却下され、さらに検察審査会への申し立てもあったが、起訴にあたらないとの決定が下され、法律的には完全に決着した。

揺れるシャンデリア

私にとって厳しい質疑が続く中、一四時四六分、地震が起きた。

大きな揺れが相当長く続いた。委員会室の天井から釣り下がっているシャンデリアも大きく揺れた。私はシャンデリアが落ちるのではないかと心配し、答弁席に座ったまま椅子の両側を摑んで、天井を見上げていた。

長い時間の揺れがようやく収まったところで、鶴保庸介委員長が委員会の休憩を宣言し、私はすぐさま国会から官邸へ向かった。

官邸に戻った私は、地下の危機管理センターへ直行した。

すでに官房長官などが集まっており、次々に関係者が参集した。震度六弱以上の地震が発生した場合、官邸対策室が設置されることになっている。この対策室は内閣危機管理監のもと、各省庁の局長級のメンバーによる緊急参集チームで構成される。伊藤哲朗危機管理監は発生時に官邸にいたため、すぐに緊急参集チームを招集していた。伊藤管理監は元警視総監で、福田康夫内閣時代の二〇〇八年に内閣危機管理監に就任し、同年の岩手・宮城内陸地震を経験していた。

緊急災害対策本部

私が到着した後、一五時一四分に会議が始まった。伊藤管理監から「この事案は緊急災害対策本部を作る事案です」と説明され、私はすぐに了承した。

緊急災害対策本部が設置されるのは、実は初めてのことだった。災害対策基本法では第二十四条に「非常災害が発生した場合において、当該災害の規模その他の状況により当該災害に係る災害応急対策を推進するため特別の必要があると認めるとき」に、内閣総理大臣は「臨時に内閣府に非常災害対策本部を設置することができる」とあるが、今回は、「非常災害」を超えるものと判断され、同法第二十八条の二にある「著しく異常かつ激甚な非常災害が発生した場合において、当該災害に係る災害応急対策を推進するため特別の必要があると認めるとき」の緊急災害対策本部が設置されたのだ。

細かくなるが、非常災害対策本部の場合、本部長には防災担当の国務大臣が就くが、緊急災害対策本部は総理大臣が本部長となる。

緊急災害対策本部の設置に閣議を必要とするのは、この対策本部がかなり強い権限を持つからだ。中央の各府省のみならず、地方自治体に対しても、対策本部長（総理大臣）は必要に応じて指示が出せる。

対策本部のメンバーは、副本部長に防災担当大臣・官房長官・防衛大臣・総務大臣の四人が就き、本部の構成員はこの四人以外のすべての国務大臣（ようするに、全大臣が構成員で、そのうち前記四大臣が副本部長ということ）、内閣危機管理監、そして副大臣又は国務大臣以外の指定行政機関の長のうちから内閣総理大臣が任命する者となる。本部の職員は、「内閣官房若《も》しくは指定行政機関の職員又は指定地方行政機関の長若しくはその職員」から、内閣総理大臣が任命する。

この時点では、まだ津波は到達していないし、福島第一原子力発電所の事故も発生していない。大地震の被害の全貌もとても把握できていない。とにかく、戦後の日本が経験したことのない大地震だとして、初めて緊急災害対策本部が設置されたのである。

当時の私及び官邸は、まず大地震への対応、それから大津波の対応を迫られており、そこに、第三の災害として原発事故が起きた。しかも、その時点では地震と津波の被害の全貌も摑めていない。そういう状況である。

原発事故が起きるのは、平時に限らない。このような大災害が発生している最中に発生することも当然想定すべきである。だが、原発事故に対応すべく作られた原子力災害対策特別措置法（以下、「原災法」）は、このことをまったく想定していなかった。私は数時間後にこのことを思い知らされる。

対策本部ではすぐに救援態勢を組み始めた。

まずは人命救助という方針が決まった。地震での人命救助では最初の七二時間がカギと言われている。私は一九九五年の阪神・淡路大震災の際、自衛隊の出動が遅れたことを思い出し、北澤俊美防衛大臣に早急な自衛隊の出動を指示した。

防衛省からは、「すぐに出動可能な人数は二万人」という報告があり、まず二万人の出動命令を出した。だが、それでは足りないかもしれないと考え、北澤防衛大臣に、さらに多くの自衛隊員出動の検討を要請した。

津波により、福島第一原発、全交流電源喪失

東日本大震災の発災直後、東京電力の福島第一原発、第二原発はすべて緊急停止した。第一原発は一号機から三号機は稼働していたが、四号機から六号機は定期検査のため停止していた。

しかし、地震発生後に三陸海岸を襲った大津波により、*福島第一原発は次々と全交流電源喪失に陥った。

原災法は、原発事故など原子力災害が起きた場合にどのように対処するかを定めた法律で、

一九九九年に制定された。日本で商業用原子炉が営業開始するのは一九六六年（茨城県東海村の東海発電所）なのだが、その後、一九九九年まで原子力災害に対処するための法律はなかったのだ。

原災法が制定されたのは、一九九九年九月の東海村ＪＣＯ臨界事故が起きたからである。この事故は原発の事故ではなく、核燃料を扱う会社が起こした臨界事故で、急性被曝で二人が亡くなった。原子力を扱う施設での事故は、この時まで「起きない」ことになっていたので、起きた場合に行政が対処するための法律も存在していなかった。

この法律は、重大事故（シビアアクシデント）が発生した時は、原発の敷地内（オンサイト）の原子炉などへの対応は事業者である電力会社が責任を持ち、国や自治体は住民避難など原発敷地外（オフサイト）の対応を担うことを前提としている。

原災法では、原子力緊急事態宣言が出されると、総理を本部長とする原子力災害本部を設置し、その事務局は経済産業省原子力安全・保安院が担うことになっている。そして、実際の情報収集や対応判断を主導するのは、原発の近くに設置された現地の「緊急事態応急対策拠点施設」（オフサイトセンター）である。事故発生時にはこのオフサイトセンターに関係者を集め、現地対策本部を作り、方針を決定し、原災本部長である総理大臣の了解を得て実施するという仕組みになっている。

つまり、現在の法体系では、基本的には、原発事故の収束を担うのは民間の電力会社であり、政府の仕事は、住民をどう避難させるかということになっているのである。

＊津波の第一波が福島第一原発に到達したのが一五時二七分。第二波が一五時三五分に到達したとされている。これにより、第一原発の一号機から五号機までが全交流電源喪失状態となった。さらに、一、二、四号機では直流電源も喪失した。

一五時四二分、東京電力は経済産業省原子力安全・保安院へ原災法の第十条の特定事象が生じたと報告した。さらに約一時間後の一六時四五分、一号機、二号機の非常用炉心冷却装置注水不能という、原災法第十五条事象発生の通報が、東電から保安院へ届いていた。

原災法では、事故が起きた場合について、第十条で、「原子力事業所の区域の境界付近において政令で定める基準以上の放射線量が政令で定めるところにより検出されたことその他の政令で定める事象の発生について通報を受け、又は自ら発見したとき」は主務大臣、都道府県知事、市町村長に通報しなければならないとしている。

さらに、十五条では、「主務大臣は、次のいずれかに該当する場合において、原子力緊急事態が発生したと認めるときは、直ちに、内閣総理大臣に対し、その状況に関する必要な情報の報告を行う」とし、その緊急事態とは、第十条で報告された放射線量が「異常な水準の放射線量の基準として政令で定めるもの以上である場合」または「原子力緊急事態の発生を示す事象として政令で定めるものが生じた場合」としている。

つまり、まず第十条によって、原発に関わる一定の事象が生じたことが主務大臣に報告され、それが原子力緊急事態の発生を示す事象の場合は主務大臣から総理大臣に報告されることになっている。これに基づいて、後述するように海江田大臣は報告に来て、さらに第十五条の二に「内閣総理大臣は、前項の規定による報告及び提出があったときは、直ちに、原子力緊急事態が発生した旨及び次に掲げる事項の公示（以下「原子力緊急事態宣言」という。）をするものとする」とあるので、この緊急事態宣言を上申したのである。

原子力緊急事態宣言

全閣僚が出席した緊急災害対策本部の会議に出席し、それを一六時二二分に終えると、総理執務室へ戻った。この時点で私の予定として、すでに大地震・大津波発生後初の記者会見と与野党党首会談が予定されていた。その前に、民主党の岡田克也幹事長、仙谷由人代表代行らとの打ち合わせなどもあった。

一六時五四分からの大震災発生後最初の記者会見では、大地震の発生、お見舞い、そして緊急災害対策本部を設置し、被害を最小限に抑えるため全力を挙げることを伝えた。

そして原子力施設については、一部の原子力発電所が自動停止し、放射性物質の影響は確認されていないと述べた。

この時は記者会見ではあるが質問は受けないことにしていたので、四分ほどで終わり、私はすぐに官邸五階の総理執務室へ戻った。

一七時頃から、細野補佐官、寺田学補佐官、原子力安全・保安院関係者らと協議していたところへ、一七時四二分に海江田経産大臣が来た。海江田大臣からは、原災法第十五条事象などの状況に関する必要な報告が行われ、原子力緊急事態宣言に係る上申書が提出された。

原子力緊急事態宣言を出すことは法律上当然やらなくてはならないが、同時に事故の状況についてもできるだけ把握しておきたいと考えた。説明を受けている途中、予定されていた与野党党首会談のため五分ほど席をはずした。戻って改めて説明を聞いた上で、一九時三分に原子力緊急事態宣言を発令した。*そして、原子力災害対策本部（原災本部）を設置し、第一回の本部会議を開催した。

*後に、経産大臣が上申してから宣言発令までに時間がかかりすぎたとの批判もあったが、実際にはすでに緊急災害対策本部が設置されており、危機管理センターは臨戦態勢に入っていた。原発事故に対しても官邸対策室が立ち上がっており、原子力災害対策本部が正式に設置されるまでの間も情報収集や権限の確認など、実務的には動いており、原発事故に対する具体的対応が遅れたことは特

になかった。

原発事故と地震・津波は対応が異なる

官邸の危機管理センターには、原子力災害対策本部が、緊急災害対策本部と並行して置かれることになった。この二つについては、法律で作らなければならないと決まっているものだ。

原子力災害対策本部の本部長は内閣総理大臣、副本部長は主務大臣、つまり経産大臣と決められている。さらに、本部員は、副本部長以外の国務大臣から総理が任命する者（人数は決まっていない）、内閣危機管理監、副大臣又は国務大臣以外の指定行政機関の長のうちから、総理が任命する者となっている。本部の職員は「内閣官房若しくは指定行政機関の職員又は指定地方行政機関の長若しくはその職員のうちから、内閣総理大臣が任命する者」だ。つまり、すでにある緊急災害対策本部のメンバーとほぼ重なる。原災本部のみに入る組織は原子力安全・保安院くらいとなる。

実際、緊急災害対策本部と原子力災害対策本部の会議は、たとえば、「第五回東北地方太平洋沖地震緊急災害対策本部会議及び第三回原子力災害対策本部会議」というかたちで、同時に開かれていた。

とはいえ、原発事故は地震・津波とはかなり性格を異にするものである。地震・津波は発生時点が最大の危機だが、原発事故では事故がどこまで拡大するかが最大の問題となる。つまり、地震・津波のほうは「すでに起きてしまったこと」に対応するが、原発事故は「これから起こり得ること」を予想して対応しなければならない。二つの対策本部は、発想を逆にしなければならないのである。

これは住民の避難についても言えることだった。地震や津波で家が倒壊したり流されてしまった人は、避難するしかない。だが、原発事故の場合、家そのものは無事なのに避難を求めなければならない。

また、緊急災害対策本部が対象とする地域はかなり広範囲にわたっていたが、原子力災害対策本部は、当面は福島第一原発周辺のことのみを考えればよかった。

とにかく、未曾有《みぞう》の大地震と津波、それに加えて世界でも初めての複数の原発のシビアアクシデントという、二つの国家的危機に同時に直面することになった。地震については阪神・淡路大震災などいくつかの経験もあったが、今回のように複数の原発がシビアアクシデントを起こしたのは世界でも初めてで、誰も経験したことがない事態だった。

総理の権限と責任をどう考えるか

原災法では、事故が起こった場合について、第二十五条で、事業者（この事故では東電）が、

「当該原子力事業所の原子力防災組織に原子力災害の発生又は拡大の防止のために必要な応急措置を行わせなければならない」と定めており、現在の法体系では敷地内（オンサイト）での事故対応は事業者である東電があたり、敷地外（オフサイト）に関してはオフサイトセンターに設ける現地対策本部を中心にあたる仕組みになっていた。

このように、基本的には、原発事故そのものの対応は事業者、この場合は東京電力が行うのである。今回の事故を起こした福島第一原発は東京電力という民間企業の施設、つまり私有財産である。従業員もみな民間人だ。国家がその私有財産と民間人に対して、どこまでの権限を持つのか。場合によっては、この問題について最終的な判断を迫られる時が来る覚悟をしなければならない。

国会の事故調査委員会の報告などでは、「官邸の介入」や「総理の介入」ということが論点となっているが、この点について、私の考えを述べておきたい。

まず第一点は、法律が定めている総理大臣の権限についてである。原災法では第二十条*として、緊急事態応急対策のため必要があると認める時は、対策本部長である総理大臣は「原子力事業者（この場合は東電）に必要な指示をすることができる」とあるので、東電への指示は可能だ。この「指示」は強い意味を有しており、特に電力会社は許認可事業なので、事業者が総理の指示に従わないことはあり得ない。したがって、本来、権限を持たない者が、いわば横から口や手を出すかのような「介入」という言い方は正確ではない。法律上、総理大臣である原子力災害対策本部長は東電へ指示できるわけで、その指示内容の是非についての批判であればともかく、指示したことそのものを「介入」と批判するのはあたらない。

第二点は、まさに国としての緊急事態に、総理大臣として果たすべき責任についてである。たしかに、法律上、総理大臣は東京電力に「必要があると認めるとき」は、「指示」することができるが、その「必要がある」かどうかについては、慎重な判断が必要である。本来、権限の行使はできる限り抑制的であるべきだからである。

その意味では、以下に述べるように、事故発生から三月一五日に政府・東電統合対策本部が東電本店内に設けられるまで、官邸が中心になって事故収束に直接関与したのは異例と言えるだろう。

しかし、異例ではあるが、国の危機とも言うべき緊急事態が発生した時には、総理大臣はあらゆる権限を行使し、危機回避に全力を挙げるべき責任を負っていると私は考える。今回の原発事故は、東電も保安院も想定していなかったシビアアクシデントであり、まさに総理大臣として権限を行使すべき事態にあったというのが、私の認識である。

以下、事故対応について詳しく述べていくので、判断していただきたい。

＊原災法第二十条「原子力災害対策本部長の権限」には、原子力災害対策本部長（総理大臣）は「緊急事態応急対策実施区域における緊急事態応急対策を的確かつ迅速に実施するため特に必要があると認めるときは、その必要な限度において、関係指定行政機関の長及び関係指定地方行政機関の長並びに前条の規定により権限を委任された当該指定行政機関の職員及び当該指定地方行政機関の職員、地方公共団体の長その他の執行機関、指定公共機関及び指定地方公共機関並びに原子力事業者に対し、必要な指示をすることができる」とある。

専門家たちの助言――原子力安全委員会

原子力災害対策本部長は、「原子力事業者並びにその他の関係者に対し、資料又は情報の提供、意見の表明その他必要な協力を求めることができる」ともある。これに基づいて東電には説明できる人に官邸に常駐してもらうことにした。

関連するので原災法の本部長権限について続けると、「緊急事態応急対策を的確かつ迅速に実施するため必要があると認めるときは、原子力安全委員会に対し、緊急事態応急対策の実施に関する技術的事項について必要な助言を求めることができる」ともある。これに基づき、原子力安全委員会からは班目《まだらめ》春樹委員長が官邸にほぼ常駐して助言することになった。

原子力安全委員会は一九七八年に、後述する原子力委員会から分離した審議会だ。一九七四年の原子力船「むつ」の放射線漏れをきっかけにできたもので、一九九九年のＪＣＯウラン加工工場における臨界事故を機にさらに機能・体制が強化された。経産省や文部科学省からは独立し中立的な立場で国による安全規制についての基本的な考え方を決定し、行政機関や事業者を指導する役割を担っている。総理を通じた関係行政機関への勧告権を有するなど、強い権限を持っている審議会である。委員長を含め五名の委員は国会の同意を得て総理大臣により任命される。五名の委員の下に、原子炉安全専門審査会に六〇名、核燃料安全専門審査会に四〇名、緊急事態応急対策調査委員に四〇名の専門家がおり、さらに専門部会もあり、二五〇名の専門家が属し、事務局にも一〇〇名という組織だ。

なお、内閣府には原子力委員会という審議会もある。私は「最悪のシナリオ」の検討など、原子力委員会の近藤委員長から助言を得ていたが、原災法に規定された法的な根拠のある助言ではない。

原子力委員会は一九五五年に制定された原子力基本法に基づいて設置されているもので、「原子力研究、開発及び利用の基本方針の策定、原子力関係経費の配分計画の策定、原子炉等規制法に規定する許可基準の適用について所管大臣に意見を述べる、関係行政機関の原子力の研究、開発及び利用に関する事務を調整すること等について企画し審議し決定すること」を所掌している機関だ。原子力委員会にも原子力の専門家が集まっているわけだが、事故への対応を目的とした原災法には、この委員会が担う役割は決められていない。

話を戻す。一九時三分に官邸の危機管理センターに原災本部を設置すると、私は事故の状況を把握するため、原子力安全・保安院、原子力安全委員会、そして東京電力に対し、状況を説明できる担当者に来て欲しいと求めた。

原災法では原災本部の本部長は総理大臣と決められているが、事務的には原発事故の対応にあたる中心組織が原子力安全・保安院で、原災本部の事務局を担うことになり、事務局長には保安院長が就くと決まっている。

事故対応を主導するはずのオフサイトセンターが機能せず

この原子力安全・保安院だが、原子力関係者以外の国民のほとんどが今回の事故が起きるまで、こういう組織があることも知らなかっただろう。二〇〇一年の中央省庁再編によって生まれた機関だ。霞が関の本院以外に、二一か所の原子力保安検査官事務所と九か所の産業保安監督部があり、総勢約八〇〇名の人員を持つ。福島第一原発のそば、福島県双葉郡大熊町にも原子力保安検査官事務所はあり、その建物は福島県原子力災害対策センターといい、オフサイトセンターとなるべき施設だった。

原災法は、ＪＣＯ臨界事故の教訓を踏まえて制定された法律であり、その点で事故対応はできる限り事故現場に近いところで行うことが適切との考え方に立ち、オフサイトセンターを原発事故の情報収集・対応判断を主導する拠点として位置づけている。このオフサイトセンターが今回の事故では、まったくの機能不全に陥ったのである。

原災法は、原子力施設の有事を想定してはいるが、原子力施設以外の場所は平時であるという想定になっている。しかし、今回は東日本全体が有事であり、その中での原子力施設の有事だったためである。

まずオフサイトセンターに設ける予定の現地対策本部の本部長となるはずだった池田元久経産副大臣が、地震による交通渋滞のために到着が大幅に遅れた。池田副大臣だけが遅れたのではない。オフサイトセンターには現地の自治体からも職員が派遣される仕組みになっていたが、現地は地震と津波の被災地であり、とても参集できる状況にはなかった。

地震による停電、通信回線の不通、道路の寸断などで来るべき人に来るようにとの連絡もできず、たとえ連絡がついたとしても、道路事情で来られない人もいた。本来であれば、周辺の六町村から職員が派遣されてくることになっていたが、実際に派遣したのは大熊町のみであった。さらに言えば、オフサイトセンターそのものが、停電で通信設備などが使えない状況だった。

結果として、今回の事故の初動にあたっては、オフサイトセンターは予定された機能を果たすことができなかった。結局、現地対策本部は一五日に福島県庁へ移転する。

法律上は現地のオフサイトセンターに設ける現地災害対策本部で避難区域なども決め、本部長である総理はボトムアップで上がってきたものを決裁するのが役割だ。だが、そのボトムアップのボトムが存在しない状況となった。これはトップダウンでやるしかなかった。いや、トップダウンでやるにもそのダウン先もない。トップ（官邸）がやるしかなかったのだ。

原子力安全・保安院とはどのような組織か

原子力安全・保安院はあくまで原発やその他のエネルギー施設の保安検査のための機関であり、事故が発生した場合の処理の専門機関として十分な体制になっていなかった。原災法で原子力安全・保安院に求められているのも、平時の延長としての情報収集が主たる任務であり、対策本部長である総理大臣に対する技術的な助言をするよう求められているだけだ。

私にも政治家としての責任があるが、日本には五〇基以上の原発がありながらも、原子力事故を収束させるための国家としての専門組織が一つもない。消防も警察もそこまでの備えはない。自衛隊には核攻撃を受けた場合を想定した部隊として中央特殊武器防護隊があり、今回の事故でも派遣されたが、原発事故を収束させるための直接的なノウハウは持っていない。

原子力事故を収束させるための組織がないのは、事故は起きないことになっていたからだ。

そういう組織を作れば、政府は事故が起こると想定していることになり、原発建設にあたって障害になるという理由なのだろう。

私は原子力安全・保安院の職員は、当然原子力の専門家が中心になっていると考えていた。厚生大臣や財務大臣の時の経験でも、官僚はその担当分野の専門家集団である。厚生労働省で言えば年金、医療、介護などの専門家、財務省で言えば税や金融などの専門家集団だ。そこで当然、原子力安全・保安院も原子力の安全に関する専門家集団だと思っていた。

しかし説明にやって来た原子力安全・保安院の寺坂信昭院長から説明を聞いていて、おかしな感じを受けた。一般にも言えることだが、説明している人が内容を理解しているのか、それともよく理解しないまま説明しているかは、すぐに分かる。寺坂院長の話は私には何が言いたいのか理解できなかった。そこで「あなたは原子力の専門家なのか」と訊いた。寺坂院長は「私は東大経済学部の出身です」と素直に答えた。

原子力安全・保安院は経産省の外局である資源エネルギー庁の、さらに「特別の機関」という位置づけで、現場の職員は専門家なのだろうが、管理職には経産省のキャリア官僚が就いている。彼らは経済官僚だから、経済のことは詳しくても原子力については素人なのだ。

私は、原子力安全・保安院のトップは原子力の専門家であるべきだと思うが、百歩譲っても院長本人が専門家でないのなら、総理への説明に来る場合は原子力の専門家を同行すべきだ。

特に今回のような重大事故では、原子炉が今後どうなるのか、メルトダウンの可能性やそれを防ぐための対策が十分検討され、実施されているのかを知りたいのだから、専門家でなければ、意味がない。

これは、たまたま私が理科系出身だったので、理科系同士で話がしたいという意味ではない。政治家は文系のほうが多いわけだから、なおさら、そういう原子力の素人にも分かるように説明できなければ困るのだ。質問する政治家も答える保安院トップも、ともに「詳しいことは分かりません」という状況になってしまう。

その後、寺坂院長に代わって官邸に説明に来るようになった保安院次長も、技術系ではあったが原子力の専門家ではなかった。事故から三日目になって、原子力に詳しい専門家として経産省資源エネルギー庁の安井正也省エネルギー・新エネルギー部長を「保安院付」として移籍し、私たちへの説明役とした。

急務となった電源車の確保と運搬

今回のようなシビアアクシデントでは、事故発生当初から事業者である東電単独では対応できない問題が頻発した。東電の武黒《たけくろ》一郎フェローに対し、現状の報告を求めるとともに、こちらでできることはないかと質問すると、「とにかく電源車が欲しい」とのことだった。

本来なら全電源喪失に備えて、非常用冷却装置に必要な電源を高台に用意しておくべきであった。ところが福島第一原発では非常用ディーゼル発電機は地下にあり、津波によって浸水し使用不可能となっていた。

この時点での東電の説明は、「電源車が早急に到着すれば、非常用冷却装置を相当時間稼働できるので、その間に本来の電源を回復させることができる」であった。

電源車は東電のいくつかの施設にある。そこからはもう現地へ向かっているらしい。東北電力にも要請していた。福山哲郎内閣官房副長官たちは防衛省にも連絡を取り、一台でも多くの電源車を福島へ送ろうと動き出した。

これも平時であれば、東電が自社の他のプラントと連絡を取り、電源車を確保して運搬できたであろう。しかし、この時は福島のオフサイトセンターへ向かおうとした経産副大臣が交通渋滞で身動きできなくなっていたように、道路状況が最悪だった。都心部は渋滞していたし、被災地は道路が陥没したり土砂崩れで寸断されている可能性が高い。高速道路は一般車両通行止めであった。通常の方法では、運搬は困難だった。

そこで電源車をスムーズに運搬するためには、警察や自衛隊が先導する必要があった。ただでさえ混乱しているところに、東電から警察に連絡をしても対応はできなかったであろう。ここは対策本部が、つまりは官邸が直接乗り出し、警察や自衛隊といった組織をフルに使って、国家としての最優先の緊急事項として、電源車を運ばなければならないという状況であったのである。

原子炉を冷却するためには電源が必要であり、冷却できなければやがてメルトダウンするとの認識は誰もが抱いていた。

この時点では電源車を一刻も早く現地へ送ることが最優先課題であり、原子力安全・保安院など本来動くべき部門が機能しない以上、私自身を含めて、官邸が直接対応せざるを得なかった。

原発事故についての対応は、当初は地下の危機管理センターの一角、中二階にあたる場所に一〇名ほど入れる小部屋があったので（以下、「中二階」と呼ぶ）、地震・津波対策と原発事故の両方の連絡が受けやすいことから、そこを使っていた。しかし、電話が二台しかなく、携帯電話は危機管理上の理由で通じないようにしていたので、私は五階の総理執務室にいて連絡を受けるようにしていた。他の政務スタッフなども当初は中二階にいたが、五階に集まるようになり、そこが実質的な対策本部の司令室となった。

スタッフは執務室にホワイトボードを持ち込み、各地から第一原発を目指して急行中の電源車それぞれの現在位置を書き込んでいった。電源車が「〇時〇分、〇〇インター通過」といった情報だ。ホワイトボードはあっという間に文字で真っ黒になった。

どの時点だったか、電源車を自衛隊のヘリで空輸してはどうかとのアイデアが出たので、防衛省から出向している秘書官に尋ねた。米軍にも打診したが、重すぎて無理だった。

二一時過ぎに、最初の電源車が現地に到着したとの連絡が入った。その報告を受けた時、総理執務室周辺では歓声が上がった。ワールドカップやオリンピックのサッカーの試合でゴールが決まった時のような感覚だった。これで事故の拡大を抑えられる、危機は逃れられると、そこにいた全員が思ったのだ。

しかし、歓びは束の間だった。

その後分かったことだが、届いた電源車のプラグのスペックが合わず電源がつながらない、ケーブルの長さが足りない、電源盤が使用できなかった、などにより、必死で手配した電源車が役に立たなかった。私たちは、東電が電気のプロ集団でありながら、電源車との接続が可能かどうかも事前に分からないことに愕然とした。

ベントと避難指示の決定

二一時頃から、私は地下の「中二階」で、海江田経産大臣、細野補佐官、東電、安全委員会、保安院の関係者と住民の避難についての協議を行っていた。福島第一原発から半径三キロ圏内の避難と、三キロから一〇キロ圏内の屋内退避という方針が決まった。

対策本部として半径三キロ圏内からの住民避難の指示を出したのは、二一時二三分だった。後で知ったが、その前、二〇時五〇分の段階で福島県は独自に半径二キロ以内の避難の指示を出していた。福島県庁と対策本部の連携は取れていなかった。

半径三キロの避難指示を出したことは、二一時五二分からの枝野幸男官房長官の記者会見で国民に向けて発表された。

二二時四四分、保安院から二号機の予測が官邸の危機管理センターに届いた。それによると、二二時五〇分に炉心露出、二三時五〇分に燃料被覆管破損、二四時五〇分に燃料溶融とある。極めて深刻な事態だ。

三月一二日・土曜日

ベントを早くしてくれ

二四時を過ぎて、三月一二日土曜日となった。一一日からの数日間は曜日の感覚はまったくなかった。今日とか昨日という感覚もなかった。区切りのない時間がずっと続いた。

アメリカのオバマ大統領と電話会談をしたのが〇時一五分で、その後だったと思うが、私は

「朝になったら福島へ行くこともあり得るので手配しておいてくれ」と岡本健司秘書官と寺田補佐官に指示した。

保安院の予測では二号機が危険だったのだが、この時点では一号機のほうが危ないとなっており、〇時六分の段階で、現地では吉田昌郎所長が一号機のベントの準備の指示を出していた。

東電からベントを了解して欲しいとの要望があったので一時過ぎから協議した。武黒フェロー、班目委員長、海江田大臣、枝野官房長官、福山副長官、保安院の平岡英治次長らがいたと思う。私たちにベントを躊躇《ためら》う気持ちはなかった。むしろ、一刻も早くやってくれという思いだった。私の理解では、ベントをすれば爆発は回避できる。それで時間を稼いでいる間に電源車が稼働すれば、冷却機能が復旧し最悪の事態は回避できる、というものだった。

どれくらいの時間でベントができるのかと訊くと、武黒フェローは「準備に二時間ほどかかる」と言った。ということは、午前三時頃にはベントができるのだなと認識した。

すでに前日の二一時二三分に半径三キロの避難指示を出していたが、炉の圧力はその時よりもさらに上がっていた。電源車は着いたもののポンプに接続できないため使えず、冷却機能は回復しない。状況は悪化していた。

三時にベントをするという前提で、枝野官房長官と海江田大臣は、それぞれ記者会見を準備していた。実際には三時六分に経産省で海江田大臣と小森明生東電常務が、三時一二分から官邸で枝野官房長官が会見を始めている。枝野長官の会見では、私が六時一〇分に出発して福島の現地を視察するとも発表された。この時点で、福島第一原発へ行き、さらに津波被害に遭った地域を上空から視察すると決めており、そのスケジュールを作らせていた。余談だが、こういう非常時においても、総理大臣が移動する場合は緻密なスケジュールが事前に立てられ、その通りに動くことが求められる。その場で臨機応変に考えるということが、なかなか許されない。

視察をめぐる慎重意見

震災被害の状況を見ることに加えて、福島第一原発の現地に行くことも考えていた。私はもともと「現場主義」的なところがある。リーダーは、自分の眼で確かめ、判断を下すべきだと考えている。これは、部下の報告を信用しないという意味ではない。国民の命、国家の命運を決める判断を迫られるのであるから、その原因となっている現場を知るのが最重要だと考えている。

とにかく、現場の様子が分からなかった。さらには官邸の意向が現場へ届いているのかどうかも、分からない。官邸に来ている東電の社員に何を質問しても即答できず、回答が来るまでに時間がかかっていた。さらにその回答に対して再質問するとそれについても即答できないという状況が続いていた。現場から東電本店、本店から保安院、保安院から官邸、あるいは本店から官邸にいた東電の社員といったかたちで、「伝言ゲーム」が行われていたのである。その伝言が正確であればまだいいが、どこかの段階で重要なことが落ちていたり、故意ではないにしろ、歪んで伝えられている可能性もあった。

そこで、とにかく短時間でも現地に行って現地責任者に話を聞こうと決めたのである。

この現地視察には、官邸のスタッフの間でも慎重意見があったのは事実だ。特に、枝野官房長官が賛成できかねると言ったと記憶しているが、それは、最高指揮官が官邸から離れることで生じる実務的問題を理由にしての反対ではなく、政治的に後で批判されるのでやめたほうがいいという理由だったと思う。枝野長官としては、私の評判が落ちることを心配してくれたのだと思うが、私は自分の評判がどうなろうと、現場へ行ってこの目と耳とで把握する必要があると考え、視察を決断した。

もう一つのリスクとして、視察に行けば私自身も被曝する可能性があった。さらには爆発の可能性もゼロではない。しかし、厳密な科学的根拠はないが、この時点では急性被曝により総理としての仕事に支障が出るような事態にはならないだろうと思っていた。

災害時に総理大臣がどの段階で現地へ行くかについては常に議論がある。何日も経ってから行けば、「今頃、何しに来た」と批判されるし、すぐに行っても、「現場が混乱している時に総理が行くとさらに混乱する」と批判される。一般論としても、危機の際は指揮官が陣頭指揮を執るべきか、どっしりと座って部下に任せるべきかは意見が分かれるだろう。

枝野長官の危惧した通り、この現地視察は後に国会でも批判されたが、私としては正しい判断だったと確信している。この段階で現地視察をしたので、現場の責任者の吉田所長に会うことができ、現場と本店の意思疎通の悪さを感じ、一五日未明に東電本店に乗り込むこともできた。また、この視察では地上に降りたのは福島第一原発だけだったが、ヘリから津波被害も見たいという思いがあった。津波の被災地からの情報も少なかった。町や村の役場そのものが被災し、通信が途絶えているところが多かったのだ。テレビの映像は見ていたが、これも直接見ないと、災害の規模は実感できないと考えていた。

午前五時頃、私は官邸地下の危機管理センターに下りた。

すると、福山副長官から、ベントがまだ始まっていないと告げられた。私はとっくに始まっていると思っていたので驚いた。後で知ったことだが、手動でないと弁が開かないのだが、放射線量が高くて作業が進まないためだった。

私は班目委員長に、「ベントができないと、どうなるのか。格納容器が爆発する危険性はないのか」と尋ねた。班目委員長は「ゼロではないです」と言った。

このやりとりを聞いていた、枝野長官と福山副長官が「避難区域を一〇キロに拡大させてはどうか」と言うので、私は了承した。記録によると、これが五時四四分だ。

最初に三キロの避難区域を決めたが、ベントが遅れているので、爆発の可能性も考慮したほうがいいとの判断で、一〇キロにしたのである。

まるで野戦病院のようだ——福島第一原発免震棟

六時一四分に、私は官邸の屋上から自衛隊のヘリ、スーパーピューマで出発した。

ヘリには、原子力安全委員会の班目委員長も同乗したので、さまざまなことを質問した。ノートを持って行きメモしていたのだが、はっきり覚えているのは、「水素爆発の危険はないのか」と訊くと、「水素が格納容器に漏れ出ても、格納容器の中には窒素が充満しており、酸素はないんです。だから、爆発はあり得ません」と委員長が断言したことだ。

それまで、東電の社員、保安院の職員たちは、「分かりません」と言うばかりだったので、私たち政治家は苛立っていたのだが、この時の班目委員長は自信を持って「爆発はあり得ません」と言ったので、私は安心した。しかし、これは大きな間違いだった。

福島第一原発に着いたのは、七時一二分だった。一時間ほどかかったことになる。

ヘリはグラウンドのようなところへ降り、私たちは用意されていたバスに乗り込んだ。東電の武藤栄副社長と、政府の現地対策本部長である池田経産副大臣もバスに乗ってきた。池田副大臣は深夜になってようやく現地に到着していた。オフサイトセンターに設けた現地対策本部がうまく機能しないのも、法律の想定外だった。

武藤副社長が隣に座ったので、なぜベントができないのかと質問すると、口ごもるだけなので、私はつい声を荒らげてしまった。

この時、苛立っていたのは確かだ。私はこの時点で、この事故は国家存亡の危機になるという認識を抱いていた。その危機を回避できるかどうかはベントにかかっている。こちらはそういう危機感を持ってやって来たのに、責任者であるはずの副社長が煮え切らない返事なのだ。ベントができないのならその理由を説明してくれればいいのだ。だが、何もはっきりと言わないので、声が大きくなってしまった。

しばらくして、免震重要棟に着いた。免震重要棟は入口が二重構造になっているのだが、最初の扉を入ったところで、いきなり、「早く入れ」と怒鳴《どな》られた。

そこはもう戦場だった。

廊下には作業員が溢れていた。床に寝ている者が何人もいた。毛布にくるまっている者もいれば、上半身をはだけている者もいた。ほとんどが、うつろな目をしていた。

野戦病院のようだ、と私は思った。

免震重要棟は現場作業員が仕事を終えて休む場所となっていたのだ。過酷な環境のもとでの作業が夜を徹して行われたことが察せられた。

倒れている者が多く、廊下はひとりが歩けるくらいのスペースしかなく、私たち一行は案内されたほうへ進んだ。

会議室は二階と聞いていたので階段へ向かおうとしたら、いつの間にか、何の行列か分からなかったのだが、その最後尾に並ぶことになってしまった。最初は単に廊下が混雑していて前へ進めないのだろうと思い、横に抜け出るスペースもないので、しばらくそのまま並んでいたのだが、それは作業員が放射線量を計測するための列だと分かった。事故にしっかり対応することと、作業にあたる人の安全性の両立を常に考えておく必要を強く感じた。

「どうなっているんだ。こんなことをしている暇はないだろう。所長に会いに来たんだ」と私は大声で言い、列から離れて作業員たちを掻《か》き分けるようにして進み、二階への階段を見つけた。

案内された部屋には大きなモニターとテーブルがあり、そのテーブルには第一原発の地図があった。すぐに吉田所長が入ってきた。

決死隊を作ってやります——吉田所長の決意

吉田所長は、私がこれまで官邸で接してきた東電の社員とはまったく違うタイプの人間だった。自分の言葉で状況を説明した。

「電動でのベントはあと四時間ほどかかる、そこで手動でやるかどうかを一時間後までには決定したい」という説明だった。

当初の話では、ベントは午前三時のはずだった。その予定時刻からすでに四時間が過ぎている。それをさらに四時間も待てという。そもそも、ベントをしなければならないと言ってきたのも東電のはずだ。

「そんなに待てない、早くやってくれないか」

と言うと、吉田所長は「決死隊を作ってやります」と言った。副社長は口ごもるだけではっきりしないが、この所長は違った。

批判されるという政治的リスク、被曝という健康リスクなどもあったが、私がこの時点で視察に踏み切ったことでの最大の収穫は、現場を仕切っている吉田所長がどのような人物なのか見極めることができた点だ。

何しろ震災直後から、私のもとへは確かな情報がほとんど来なかった。こちらの指示も、現場で対応にあたっている人たちに本当に伝わっているのか分からない。何が伝わり何が伝わっていないのかも分からない。物事を判断するには、指示がしっかり当事者に伝わるか否かが大事だ。それが不明確だったので、直接確かめておきたかった。

班目委員長は現場を見て判断していたわけではない。福島第一原発へ行ったことはあるそうだが、何年も前の話だという。原子力安全・保安院もどこまで状況を把握しているのか、分からない。生の情報をいちばん持っているはずの東電も、現場から私に伝わるまで何人もが介在し、結局誰が判断しているのか、誰が責任者なのか、聞いても分からなかった。すべてが匿名《とくめい》性の中で行われていたが、吉田所長と会って、「やっと匿名で語らない人間と話ができた」という思いだった。

津波被害を上空から視察

福島第一原発を離陸したのは八時五分と記録にあるので、一時間弱、いたことになる。

この間の七時四五分、第二原発でも原子炉の圧力が制御できなくなり、緊急事態宣言が出された。第二原発も半径三キロが避難区域、三〜一〇キロが屋内退避区域に指定された。この決裁は、第一原発視察中に行った。第二原発も、まず地震の影響で三本の送電系統のうち二本を喪失し、津波により原子炉の冷却機能が失われていた。爆発の事態には至らず、一五日にすべての原子炉が冷温停止状態となったが、それまでは安心できなかった。

福島第一原発を飛び立つと、私は宮城と岩手の被災地をヘリから視察した。

この視察は福島原発だけではなく、上空からではあるが、津波被害の実態を自分の目で確認できた点でも、その後の対応にプラスになった。

もちろん、地震と津波の被害についてはテレビの映像では見ていたが、それは切り取られた映像だ。三六〇度の視界で自分の目で見て、被害のすさまじさを認識した。海岸沿いは海と陸の区別がつかない状況であった。

当初は地上に降りたかったのだが、それだと現地で出迎えの態勢を作らなければならず（私はそんなものは望まないのだが、総理が行くとなると、どうしても、そうなってしまう）、さらに午前中に官邸に戻ってくるのが困難にもなるので、ギリギリ北上できるところまで行くことになっていた。

今回の震災が、ほとんどが津波による被害であると認識した私は、改めて最大限の救援が必要と判断し、官邸へ戻ってから、北澤防衛大臣と相談の上、自衛隊へ五万人の出動を指示した。前日のうちにもっと増やせないか打診しており、この時点では五万人が可能になったと回答があったので、五万人の出動を指示したのだ。しかし、北澤大臣には、無理を承知で、さらに人員を増やしてくれと頼んだ。大臣は了承し、防衛省幹部と協議してくれた。結果として、翌日の一三日に、最大限可能な数として一〇万人を動員して、救援活動にあたることが決定したと報告を受ける。自衛隊の総員は約二四万人なので半分弱だ。これは関東に大規模災害が生じた場合に予定されていた最大規模の数で、日頃からシミュレーションしていたので、迅速な対応が可能だったのである。

官邸に戻ったのは一〇時四七分だった。

執務室に入るなり、出迎えた福山副長官に「吉田所長は大丈夫だ。信頼できる。あの男とは話ができる」というような趣旨のことを言った。私としては、収穫は大きかったのである。

爆発をテレビで知る

吉田所長は決死隊を作ってでもベントをやると言っていたが、まさに決死の作業となっていたようだ。それでも、なかなかベントが成功したとの報《しら》せは入らなかった。

一四時半頃、格納容器の減圧に成功した、放射性物質の若干の流出はあるが危機的状況は脱しつつあるとの報告が入り、少し安堵していた。

しかし、その後の東電の発表や政府事故調の検証によると、一号機は一一日二〇時頃には、燃料が圧力容器の底に落下し始め、メルトダウンが始まっていたと思われる。したがって、この一二日一四時半に報告された圧力の低下が、ベントによるのかメルトダウンによるのかは、正確には分からない。

一五時からは与野党党首会談が開かれた。この日は復興にあたっては力を合わせてやっていこうと確認した。党首会談を終えたのは一六時過ぎである。

すぐに伊藤危機管理監から、「福島第一原発で爆発音がした、煙が出ている」との報告を受けた。だが、伊藤危機管理監も詳しいことは把握できていないようだった。私は総理執務室で詳しい説明を受けることにした。班目委員長と福山副長官、下村健一内閣府審議官も同席していた。

しばらくして、白煙ではなく黒いものがパラパラと落ちてきたとの情報も入る。私は武黒フェローを呼び、「どうなっているんだ」と訊いた。武黒フェローは「聞いていません。本店に聞いてみます」と言って、電話をかけた。「そんな話は聞いていませんと言っています」との返事だった。

班目委員長に「何の白煙だと考えられますか」と質問すると、「サイトには揮発性のものがたくさんあるので、そのどれかが燃えているのでしょう」と曖昧に答えた。そこへ寺田補佐官が血相を変えて入ってきて、「すぐにテレビを見てください」と言った。

テレビ画面には一号機が爆発している様子が映っていた。

私は言葉が出なかった。たしか、下村審議官が班目委員長に「今のは何ですか。爆発が起きているじゃないですか」と訊いていた。委員長は両手で顔を覆っていた。

白煙などというものではなかった。誰がどう見ても、それは爆発だった。

福山副長官は、「あれはチェルノブイリ型の爆発ですか、どうなんですか」と班目委員長に質問していた。

後で知ったのだが、爆発したのは一五時三六分で、最初に報じたのは地元の民放なのだが、その系列の日本テレビが全国放送したのは一六時五〇分だった。私がテレビで見たのも、この日本テレビの映像だ。つまり、爆発から一時間以上が過ぎても、私のもとへは東電からも保安院からも、何も報告が届いていなかったのだ。日本テレビも映像が福島の系列局から届いたものの確認に手間取り、なかなか放送できなかったようだ。

私は秘書官に、「早く情報を上げてくれ」と指示した。

テレビは報じているのに、東電からも原子力安全・保安院からも何も報告はない。枝野官房長官の記者会見の予定が迫っていた。すでに一号機が爆発していることは全国民、いや全世界周知の事実だ。しかし、国民に説明しようにも私たちには何も情報がない。といって、会見を遅らせると、ますます国民の不安は大きくなるだろう。枝野長官が「私は会見をします」と言うので、私は「やってもらおう」と応じた。

この会見で、枝野長官は苦肉の策として、「爆発的事象」と言って批判されたが、東電からも保安院からも「爆発」との正式な報告がない以上、政府の対策本部としては「爆発」と断定できなかったのだ。

避難区域の拡大が段階的であった理由

すでに五時四四分に、福島第一原発の避難区域は半径一〇キロにしてあり、第二原発については、第一原発視察中の七時四五分に、半径三キロ圏内は避難、三〜一〇キロ圏内は屋内退避と指示していたが、一七時三九分に、第二原発も半径一〇キロ以内を避難区域とした。これは第一原発同様に、第二原発も爆発が起こる可能性を考えての措置だった。

この避難区域の拡大も、この時の記者会見で枝野長官が発表した。

しばらくして、爆発したのは一号機の格納容器ではなく原子炉建屋であり、核爆発ではなく水素爆発だと報告が入った。

班目委員長に「水素爆発は起きないと言っていたじゃないですか」と私が言うと、「いえ、水素爆発はないというのは、格納容器のことで、原子炉建屋のことではない」というようなことを言っていた。

福山副長官の著書〈『原発危機　官邸からの証言』（ちくま新書）〉によると、班目委員長は「格納容器の状態について頭がいっぱいだったので、建屋に水素が入って爆発することについてはまったく頭になかった」と認めたそうだ。

さらに、一八時二五分には、第一原発の避難指示を半径二〇キロ圏内へ広げた。

この時点では、まだ一号機の爆発の原因は確認されていなかったが、二号機、三号機も危険な状態にあったので、拡大したのだ。

このように避難区域を段階的に拡大したことについては、当時から批判があった。だが、半径が三倍になれば、面積は九倍になる。今回の例では、第一原発から三キロ圏内に住んでいた方は五八六二人だったが、一〇キロ圏内になると五万人を超え、二〇キロ圏内になると、一七万人を超えた。

最初から一〇キロとし、その区域の全員が一斉に移動すると、原発に近い人ほど、逃げ遅れる可能性が高い。この場合、最も危険な半径三キロの人を先に避難させ、そこを空にした後、一〇キロに広げ、それも終わった後に二〇キロにするという方法を取るしかない。もっとも、こういう方法を取ったため、一度避難した場所から、再び避難しなければならなくなるなど、混乱を招き、負担を強いる結果となってしまった点など、反省点は多い。

この頃から私は、このままいくと避難しなければならない範囲はどこまで広がるのか、漠然と考えるようになっていた。映像で見る第一原発の全体図から、一号機から四号機までが隣接していることが気になっていた。それぞれの建物はかなり大きいので密集という印象はないが、大きい割に互いに近づきすぎていると感じた。

さらに、たとえば一号機がいよいよメルトダウンして、高線量の放射性物質が外へ出たら、そこへ近づけなくなるだけでなく、隣の二号機にも近づけなくなり、やがては三号機、四号機もと、負の連鎖が生じるように思えたのである。

福島第一だけで六つの原子炉があり、使用済み核燃料プールはそれぞれの号機にある他、共用プールがあるので七つだ。そこにある使用済み核燃料の量によっては、東京までもが避難区域になる可能性もあるのではないか。そうなった場合、いったいどんな避難オペレーションとなるのか。大雑把に言って、東日本には首都圏三千万人を含め、約五千万人が暮らしている。たとえ、五千万人の避難が可能だったとして、その後、日本は国として成り立つのか。

「最悪のシナリオ」という言葉が、私の脳裏に浮かんでいた。

「海水注入」の真相

一号機の原子炉建屋爆発後、班目委員長が、一号機については「海水で炉を水没させましょう」と言い出した。

後に私が海水注入を止めたのではないかと国会でも問題となった件なので、詳しく記そう。

結論から言えば、私あるいは官邸の政治家が海水注入を止めさせる指示を出したことはない。むしろ、私たちは、早く注水するように指示していた。

一八時前から、私は、海江田大臣、班目委員長、保安院の幹部、東電の武黒フェローらと協議した。その時点で、専門家たちの間では、真水がなくなったのであれば、冷却のために海水を使うことが必要だとの認識で一致していた。

私も異論はなかったが、いくつかの質問をした。すでに、これまで起きないと言われていた水素爆発が起きているので、気になる点は確認しておきたかった。海水を入れたら、塩分で炉が腐食する可能性はないかなどだ。

また、再臨界についても気になっていた。再臨界とは、溶けた核燃料がある大きさ以上の塊になり、連鎖反応が再び起きる状態を言う。メルトダウンした核燃料の量と形状によって起こる可能性があるので、再臨界についても質問すると、班目委員長は「ゼロではない」と言った。私は、この時の班目委員長の発言は「再臨界の危険性がある」と解釈した。

そして「海水注入まで二時間もかかるのならその間に、塩の影響や、再臨界の危険があれば、ホウ酸を入れると中性子が吸収されて再臨界は起こりにくくなるはずなので、それを含めて検討しておいてください」と言って、協議の場から離れた。

私は一言も、海水注入を「待て」とも「止めろ」とも言っていない。二時間後でなければ始まらないというので、それまでにいろいろ考えておいてくれと、班目委員長や保安院へ指示を出しただけなのである。また、「海水注入をすると再臨界するのではないか」と言ったのでもない。「海水注入をすることでの塩による悪影響の問題」と、「再臨界の可能性とその対策」という別の問題について、それぞれ検討するようにと言ったのである。これが歪められて伝えられた。

後に判明したことだが、海水注入は一九時四分に始まっていた。その報告は私のもとへは来ていない。これも後に知ったことだが、武黒フェローは私が確認してくれと頼んだことを確認しようと吉田所長へ電話をかけたところ、すでに海水注入が始まっていると告げられた。武黒フェローは「総理の了解が取れていないので待ってくれ」と言い、さらに東電本店へも連絡を取り、本店から吉田所長へ中断するよう指示が行った。だが、吉田所長はこの指示に従ったふりをして注水を続けた。

東電のそんな動きを知らない私のもとへ、一九時四〇分頃、細野補佐官が福島第一原発の放射線量のモニタリング・データを持って来た。爆発した瞬間の放射線量がいちばん高く、その後は低下していた。ということは、核爆発ではなく水素爆発だと考えていい。

最悪の事態ではなさそうだ。

この報告を受けた後、海水注入についての結論を出す協議が行われた。「ホウ酸を入れれば、再臨界の問題はありません」などの説明があり、すでに海水注入が始まっていることを知らされていない私は一九時五五分に、海水注入を指示した。

繰り返しになるが、この時点でもう海水注入は五〇分ほど行われていたのである。

もっとも、その後の検証によれば、メルトダウンは前日（一一日）二〇時にすでに起きていたのである。

未曾有の国難――国民へのメッセージ

大震災発生から一日半を経た二〇時半に、戦後日本人が経験したことのない未曾有の国難に向かい合うため、私は国民の皆様へのメッセージを送ることにした。この中では、まず津波被害からの人命救助に全力を挙げること、そして福島第一原発における「新たな事態」の発生に伴う避難のお願いについて述べ、最後に国民の皆さんとともにこの国難を乗り越えよう、と呼びかけた。

その要点を以下に再録する。

「(前略)私は、本日、午前六時に自衛隊のヘリコプターで現地を視察いたしました。まず、福島の第一原子力発電所に出向き、その現場の関係者から実態をしっかりと聞くことができました。

加えて、仙台、石巻、そういった地域についても、ヘリコプターの中から現地を詳しく視察をいたしました。今回の地震は大きな津波を伴ったことによって、大変甚大な被害を及ぼしていることが、その視察によって明らかになりました。まずは、人命救出ということで、昨日、今日、そして明日、とにかくまず人命救出、救援に全力を挙げなければなりません。自衛隊にも当初の二万人体制から五万人体制に、そして、先ほど北澤防衛大臣には、さらにもっと全国からの動員をお願いして、さらなる動員を検討していただいているところであります。まず、一人でも多くの皆さんの命を救う、このために全力を挙げて、特に今日、明日、明後日頑張り抜かなければならないと思っております。

そして、すでに避難所等に多くの方が避難をされております。食事、水、そして、大変寒い時でありますので毛布や暖房機、さらにはトイレといった施設についても、今、全力を挙げて、そうした被災地に送り届ける態勢を進めているところであります。そうしたかたちで、何としても被災者の皆さんにも、しっかりとこの事態を乗り越えていただきたいと、このように考えております。

加えて、福島第一原子力発電所、さらには第二原子力発電所について、多くの皆様に御心配をおかけいたしております。今回の地震で、従来想定された津波の上限をはるかに超えるような大きな津波が襲ったために、従来、原発が止まってもバックアップ態勢が稼働することになっていたわけでありますけれども、そうしたところに問題が生じているところであります。

そこで、私たちとしては、まず、住民の皆様の安全ということを第一に考えて策を打ってまいりました。

そして、特に福島の第一原子力発電所の第一号機について、新たな事態、これは後に官房長官から詳しく説明をさせますけれども、そうした事態も生じたことに伴って、すでに一〇キロ圏にお住まいの皆さんに避難をお願いしておりましたけれども、改めて福島第一原子力発電所を中心にして二〇キロ圏の皆さんに退避をお願いすることにいたしました。

これを含めて、しっかりとした対応をすることによって、一人の住民の皆さんにも健康被害といったようなことに陥らないように、全力を挙げて取り組んでまいりますので、どうか皆さんも政府の報告やマスコミの報道に注意をされて、冷静に行動されることを心からお願いをいたします。

（中略）

どうか国民の皆さんに、この本当に未曾有の国難とも言うべき今回の地震、これを国民の皆さん一人ひとりの力で、そしてそれに支えられた政府や関係機関の全力を挙げる努力によって、しっかりと乗り越えて、そして未来の日本の本当に、あの時の苦難を乗り越えて、こうした日本が生まれたんだと言えるような、そういう取り組みを、それぞれの立場で頑張っていただきたい、私も全身全霊、まさに命懸けでこの仕事に取り組むことをお約束をして、私からの国民の皆様へのお願いとさせていただきます。

どうかよろしくお願い申し上げます。」

二一時三四分から、緊急災害対策本部と原子力災害対策本部の会議が開かれた。

震災で被害に遭われた人々の救出作業も重要な問題だった。避難所の手当も急務だ。自治体の中には役所の建物が倒壊したり流されたりし、首長や職員も被災し、まったく状況が分からない所もあった。未曾有の震災の被害の全貌すら、摑めていない。

災害対応における総理の最大の政治判断は自衛隊の出動を決めることだ。これについては迷いはなかった。地震発生直後に北澤防衛大臣には最大限の人員の派遣を要請しており、即時に二万人を出してもらい、最終的には自衛隊二四万のうちの一〇万人を動員してもらった。北澤防衛大臣も一四日にヘリで視察しており、津波の威力は想像を絶するものだったので自衛隊を一〇万人出してよかったと思ったと、著書〈『日本に自衛隊が必要な理由』(角川書店)〉に書いている。

セカンドオピニオンを求む

もともと総理大臣は実務のポストではない。「考える」こと、そして「決断すること」が最大の仕事と言っていい。

この時期、私の思考の大半は、原発事故がどこまで拡大するのか、どこで食い止めることができるのかに向かっていた。

対策本部の会議を終えると、東工大の同窓生である日比野靖氏が官邸に来てくれていた。前日から連絡を取っていたが、ようやくつかまり、無理を言って来てもらったのだ。

私は原発事故発生直後から、原子力安全・保安院など本来事故対応にあたる部署からの意見以外に、外部専門家の意見を「セカンドオピニオン」として聞きたいと考えていた。幸い私の母校である東工大には原子力研究所もあり専門家を多数擁している。親しい同窓生の中に原子力の専門家がいたかどうか、すぐには思い出せなかったが、友人の友人くらいに輪を広げれば専門家がいるはずだ。私はセカンドオピニオンを出してくれるブレーンのチームを作ろうと考えた。

そこで、たまたま数日前に東工大の同窓生による私を囲む会に来てくれた日比野氏に連絡を取ったのだ。日比野氏は専門は電子工学で、長くＮＴＴの研究所で働いた後、学者に転身し、北陸先端科学技術大学院大学副学長となっていた。彼は学生時代から冷静沈着で科学技術はもとより幅広い学識を備えて当時から頼りになる人物だった。三月で大学を定年退職するというので、科学技術を担当する内閣官房参与になってほしいと頼んでいたところでもあったのだ。その後、東工大の原子炉工学研究所の有冨正憲所長と齊藤正樹教授も参与として参加してもらった。また実現はしなかったが、大前研一氏とも官邸で面談し、参与を打診した。しかし「守秘義務が生じる立場にはなりたくない。個人的には協力する」との返事であった。

行政組織からの情報は、関係者が協議した結果が大半で、個人見解ではないだけ時間がかかり、曖昧になりがちだった。それに対し、参与になった専門家からの提言は個人見解で迅速であり、極めて貴重で大いに役立った。

三月一三日・日曜日

官邸で眠る日々

総理大臣在任中は官邸の敷地内にある「公邸」と呼ばれる建物が私の住居だった。かつての首相官邸を移築、改築したもので、妻と八九歳になる母との三人で暮らしていた。公邸の玄関から官邸の入口までは一一〇歩で、この往復は私が自分の脚で移動する数少ない機会だった。総理大臣は徒歩での移動がほとんど許されない。許されないという言い方もおかしいが、警備当局が、自動車での移動を求めるのだ。もともと総理大臣はこちらから誰かに会いに行くことが少ないポストで、誰かと面談する場合は官邸に迎えることになる。日常的に総理大臣が外出する先は国会ぐらいのもので、まさに目と鼻の先なのだが、その国会へも常に専用車での移動となる。

公邸から官邸は近いので、何か緊急事態が起きても、数分以内に駆けつけることはできるが、私は原発事故が落ち着くまでは公邸に戻らず、官邸の執務室奥の応接室にあるソファーで寝ていた。枝野官房長官以下の政治家も官僚も、この数日はほとんどが不眠不休だったはずだ。

一二日から一三日にかけての夜も私は官邸で休んでいた。まさに、仮眠だった。

朝八時頃、細野補佐官がメモを持って来た。深夜から未明にかけて三号機が深刻な事態になっていた。明け方の五時の時点で、それまでどうにか動いていた非常用炉心冷却装置による注水が不能となり、東電は三号機についても原災法第十五条の事象にあたると通報した。一一日に出された通報は一号機と二号機についてのもので、その時点では三号機はまだ非常用冷却装置が動いていた。しかし、その非常用炉心冷却装置が注水不能となり、水が蒸発して空焚きになっていたのだ。メモには「午前八時過ぎには燃料溶融」と「予測」されていた。

九時半前、「三号機のベントが成功しました」と細野補佐官が報告に来た。圧力低下が確認されたと言う。

東芝の援助物資が届かない

一一時過ぎ、東芝の佐々木則夫社長が到着した。日比野氏から、前夜、原子炉については製造したメーカーのほうが詳しいのではないかとの助言があったこととと、事故収束作業への協力も要請したいと考え、連絡を取り、来てもらったのだ。佐々木社長は原子力の専門家だという。

さっそく、説明を聞いた。

福島第一原発の六基の原発のうち、東芝が製造したのは、二号機、三号機、五号機、六号機の四つで、そのうちの二号機と六号機はアメリカのゼネラル・エレクトリック（GE）との提携で製造したものだった。一号機はGE単独で、四号機は日立だった。

東芝の佐々木社長に今後の見立てを尋ねると、「二号炉、三号炉とも水素爆発の可能性があります」と即答した。私が「建屋の天井に穴を開けるとかして、水素を抜けませんか」と質問すると、「火花で爆発する危険性があります。高圧水で切断するのがいいと思います」と言う。

これまでの東電本店や保安院との会話とは違い、テキパキと答えてくれた。

佐々木社長には「しっかりと対応をお願いします」と言った。

すると、「福島原発へはすでに高圧ケーブル、低圧ケーブル、高圧トランス、仮設分電盤、水中ポンプなど必要と思われるものを全国から調達して運んでいて、一部はすでにJヴィレッジ*まで着いているのですが、そこから先は立入禁止になっていて、原発へ運べないのです」と言うではないか。

たしかに避難区域へは立入禁止だ。警察が車両を止めるのは、とりあえず、正しい。しかし、東電が保安院に伝え、保安院が対策本部に伝えてくれれば、すぐに解決する話だ。本来ならば、パトカーが先導して通させるべきではないか。警察や自衛隊を含め、国の全組織を挙げて対処するために内閣に対策本部を設けているのだ。だが、それが機能していなかった。

私はすぐに秘書官を呼び、東芝の車両が通れるようにしてくれと指示した。

私の仕事は現場で作業にあたることではない。最終的な決断をすることだ。しかし、報告は来ない、提案も来ない。状況が見えないのである。このように何かのきっかけで、外部からの情報が直接入ることで、初めて分かるのだ。

なお、二〇一二年九月五日付の朝日新聞では、東電のロジスティックが機能していなかったことが検証されている。それによると、「東京電力は、強力な消防車とその運転・操作ができる人、バッテリーや燃料などの物資を現場に集めるのが後手に回り、事態を悪化させていた。物資購入に必要な現金も一時は足りなかった。機材や人の工面ができていれば、二号機と三号機の炉心溶融を食い止められた可能性がある。朝日新聞が東電のテレビ会議の映像を検証した結果、わかった」という。

私はこの記事を読んだ時、吉田所長が「とにかく、武器をください」と言っていたことを思い出した。どの時点だったかは正確ではないが、現場がかなり厳しいと細野補佐官と電話で話した際に、吉田所長がそう言ったと聞いた記憶がある。

朝日新聞によれば、「事故に見舞われた東京電力福島第一原発には、事故対応に欠かせない水も軽油もガソリンもバッテリーも消防車も、うまく届かなかった。そして何よりも、消防車を扱える人も、重機を扱える人も、請負会社頼りで、社員のように指揮命令できなかった」ともある。

最前線で闘う吉田所長に、武器は届いていなかったのである。

＊Jヴィレッジはサッカーのナショナルトレーニングセンターで、もともと東電が施設を作り、福島県に寄贈したという経緯のあるものだ。震災直後は大きな被害がなかったこともあり、避難所となっていたが、福島第一原発から二〇キロ圏内だったため、一二日には避難所として使えなくなっていた。一五日からは国に移管され、陸上自衛隊のヘリコプター及び隊員が放射性物質を落とす除染場所となり、さらに一八日からは政府・東京電力・陸上自衛隊及び警察や消防が原発事故に対応する「現地調整所」となる。

私も四月二日と七月一六日に、Jヴィレッジを訪問した。

不在だった東電首脳

一三時に、日比野氏の紹介で、東工大の原子炉工学研究所の嶋田隆一教授が来てくれた。一一日からの経緯を説明した上で、東工大を挙げて支援して欲しいと依頼した。教授は快諾してくれた。嶋田教授は「原子力の専門家を集める」と言って、いったん東工大へ行くことになった。セカンドオピニオンのチームができそうだった。東工大の伊賀健一学長をよく知っていたので、私は学長にも電話をかけて支援体制を依頼した。

嶋田教授が出た後、一三時四五分に、初めて東電の清水社長と会った。清水社長は事故当日は関西にいた。さらに、勝俣恒久会長は中国に出張中で、東電はトップ二人が不在だった。

その後、午後は各党の党首との個別の会談や各国の元首との電話での会談が続いた。

一四時四五分は自民党の谷垣禎一総裁との党首会談、一五時三〇分からは韓国の李明博《イ・ミョンバク》大統領との電話会談、一五時五五分からはオーストラリアのギラード首相との電話会談、一六時三〇分からは社民党の福島瑞穂党首と、一七時からは国民新党の亀井静香代表との会談である。

気象庁から一一日の地震の規模がマグニチュード九・〇であったと発表された。当初は八・八だったので、修正されたのである。地震のエネルギーとしては関東大震災の約四五倍、阪神・淡路大震災の約一四五〇倍で、一九〇〇年以降の地震としては世界で四番目の規模だった。

数万人規模での死者となると思われていた。自衛隊、警察、消防などは懸命の救援、捜索活動をしていたが、厳しい状況だった。避難所への救援物資が届かないとの声も出ていた。政府各機関は全力を尽くしていたが、力が及ばないところもあった。

計画停電の不意打ち

一方、この日の午後からは別の大きな問題が生じていた。地震は一一日の金曜日に発生し、翌日、翌々日は週末だったので、事業所の多くは休みだった。しかし、月曜になると、被害がほとんどなかった東京では通常通りの営業となるだろう。だが、原発や一部の火力発電所が地震と津波で発電機能を失っているので、東京電力管内は大幅な電力不足に陥りそうだった。需要が供給を上回ると、大停電になりかねない。それを避けるためには、輪番停電（計画停電）しかないと、東電が言ってきたのだ。

この計画停電については、枝野官房長官と福山副長官が、東電に強い姿勢で対処してくれ、東電の言いなりにはならなかったが、多くの国民と企業に不便を強いることになった。

この計画停電に対応するため、蓮舫行政刷新担当大臣を、節電啓発等担当大臣に起用する人事を決めた。さらに、辻元清美議員に総理大臣補佐官となってもらい、災害ボランティア活動を担当してもらうことにした。

これらを踏まえて、一九時四九分から、記者会見に臨んだ。

「地震発生から三日目の夜を迎えました。被災された皆さん方に心からのお見舞いを申し上げます。また、被災地をはじめ、国民の皆様には大変厳しい状況にある中で、冷静に行動をしていただいていることに対して、感謝と心からの敬意を表したいと、このように思います。

昨日に続いて今日一日、人命の救出に全力を挙げてまいりました。これまで自衛隊や警察、消防、海上保安庁あるいは外国からの支援も含めて、約一万二千名の方を救うことができました。

本日の救援体制を少し紹介いたしますと、自衛隊は陸海空で五万人が展開し、一〇万人体制を準備いたしております。また、警察官は全国から二五〇〇名を超える皆さんが被災地に入っていただいております。消防、救急隊は一一〇〇隊を超える隊が現地に入っております。さらに災害派遣医療チームも二〇〇を超えて現地にお入りいただいております。食料、水、毛布などの搬送は陸路がかなり制約をされておりますので、空路、さらには海路も検討しておりますけれども、そうした搬送に力を入れております。さらに激甚災害の指定を行い、追加的な法律的処置も考えております。

こうした中、皆様に御心配をおかけしている福島原発については、憂慮すべき状態が続いております。この点については後ほど枝野官房長官のほうから詳しく御報告をさせていただきます。そこで国民の皆さん、皆さんに御理解をいただきたい。お願いしたいことがあります。この福島原発を含め、多くの発電所が被害を受け、東京電力及び東北電力管内の電力供給が極めて厳しい状況にあります。

国としては、両電力会社に他社からの調達など、最大限の努力を指示しております。また、産業や家庭での節電もお願いをいたしております。

しかしながら、近日中の復旧の見込みが立たないところから、こうした努力だけでは、電力の供給不足に陥り、そのままでは域内全域で大規模停電に陥る恐れが出てまいりました。突然の大規模停電が国民生活あるいは経済活動に与える打撃は極めて甚大であり、何としても避けなければなりません。

このため、私は東京電力に対して、明日から東京電力管内で計画停電を実施することを了承いたしました。詳細は、この後、経済産業大臣から説明をいたします。国民の皆さんに対して、大変な御不便をおかけする苦渋の決断であります。電気が切れるだけでなく、場合によってはそのことがガスや水道など、他のライフラインへの影響、また、医療や保健機器の利用など、さまざまな悪影響も考えられるところであります。

停電に伴うこうした不安に万全の対応を講じて臨むべく、この問題について、特に政府として対策会議を立ち上げたところであります。しっかりとした対応を講じてまいりますので、そして情報を提供してまいりますので、是非とも御理解をいただいて、この停電に対して、皆さんの生活を守っていくよう、それぞれ工夫をお願いいたしたいと、このように思うところであります。

私は、今回の地震そして津波、そして原発の今の状況など、戦後六五年間経過した中で、ある意味でこの間で最も厳しい危機だと考えております。果たしてこの危機を私たち日本人が乗り越えていくことができるかどうか、それが一人ひとりすべての日本人に問われていると、このように思います。私たち日本人は、過去においても厳しい状況を乗り越えて、今日の平和で繁栄した社会をつくり上げてまいりました。今回のこの大地震と津波に対しても、私は必ずや国民の皆さんが力を合わせることで、この危機を乗り越えていくことができる、このように確信をいたしております。

どうか、お一人おひとり、そうした覚悟を持って、そしてしっかりと家族、友人、地域の絆を深めながら、この危機を乗り越え、そして、よりよい日本を改めてつくり上げようではありませんか。そのことを心から全国民の皆さんにお訴えをし、私の皆さんへのお願いとさせていただきます。どうかよろしくお願いします。」

二二時二二分からは、民主党の仙谷代表代行、岡田幹事長、安住淳国対委員長、輿石東参議院議員会長と会談し、翌日に予定されている与野党幹事長会談への方針を確認した。翌日は月曜日なので国会審議をどうするか決める必要があった。内閣としては、震災と原発事故に対応するため、国会審議は必要最低限にとどめて休会にしてもらいたいという方針だ。しかし、この時点ではまだ予算が成立していなかったので、予算と、つなぎ法案と呼ばれる、三月末で期限が切れる軽減税率の暫定的な延長を決める法案などについては、年度内に成立させたいとなった。

三日目はこうして終わった。

三月一四日・月曜日

三号機爆発

月曜日となり、一般社会は動き出していた。会社も学校も、被災地と首都圏以外はほぼ平常通りであった。しかし、首都圏は計画停電による混乱がかなり生じていた。

九時半過ぎから緊急災害対策本部と原子力災害対策本部の会議が開かれた。一一時前、正確には一〇時五六分から公明党の山口那津男代表との会談が始まっている。

一一時一分、三号機の建屋が爆発した。一号機同様の水素爆発だった。

私が三号機の爆発を知るのは執務室での山口代表との会談中だった。テレビを見てくれと、秘書官が入ってきて、すぐにスイッチが入れられた。福島のテレビ局が設置していたカメラの映像で、黒い煙が真上に噴き上がっていた。私はこの煙の色が気になった。一号機の水素爆発の時は白い煙だったが、今度は黒かったからだ。

三号機の爆発は、隣接する二号機と四号機の状況を悪化させていくことになった。隣接して複数の原発が並んでいることの危険性を、私はまざまざと思い知った。一基から大量の放射性物質が出れば、その隣の原発へも近づけなくなってしまう。さらに、一基が爆発すれば、その瓦礫が隣の原発に損傷を与えることもある。効率を優先し一つの敷地内に複数の原発を近接して建てた結果、福島第一原発の場合は六基もの原子炉がある。六基とも手がつけられなくなったらどうなるのか。ぼんやりとしていた地獄絵は、次第にはっきりとしたイメージになっていった。

三号機は他の五基と異なり、プルサーマル発電だった。通常、原発はウランを燃料とするのだが、プルサーマル発電では、使用済み核燃料から原子炉内で生まれたプルトニウムを再処理して取り出し、そのプルトニウムをウランに混ぜてできたMOX燃料を使っていたはずだった。前日に会談した社民党の福島代表からも「三号機はプルサーマルなので、特に気をつけてください」と言われていた。

すぐに関係者を集めるように指示した。保安院からは、「格納容器に大きな損傷はない」との報告があった。さらに、現場で注水作業をしていた自衛隊員や東電の社員が何名か負傷したとも報告が来る。消防車やホースも破損し、三号機への注水が中断していた。結果としてこの三号機の爆発により瓦礫が飛び散ったため、隣接する二号機と四号機での作業も困難となっていく。

断片的に現地の状況は入ってくるが、爆発の原因は何も分からない。

すでにこの日の朝から四号炉の使用済み核燃料プールの温度が上昇していた。さらに二号炉も異常事態となっていった。

一六時二四分には、原発メーカーである日立製作所の中西宏明社長と会い、協力を要請した。日立が製造したのは、燃料プールが心配される四号機だった。これで東芝に続き日立の責任者とも会ったことになる。

前述のように、福島第一原発は六つの原発があり、一九七一年三月に運転を開始した一号機はアメリカのGEが主契約メーカーで、以後は国産化率を高め、東芝とGEが技術提携して製造したのが二号機（七四年七月運転開始）と六号機（七九年三月）、東芝単独で製造したのが三号機（七六年三月）と五号機（七八年四月）、日立が製造したのが四号機（七八年一〇月）となる。しかし、東芝と日立が製造したものも、基本技術はGEのものがベースとなっていた。

一号機は完全にアメリカ製で、私も後で知ったのだが、その際の契約は「ターンキー契約」*と呼ばれるものだった。これは自動車と同じように、カギ（キー）を回す（ターン）だけで稼働できる方式、つまり、原発の完成品を買うやり方だった。

*今日、自動車を運転する人は、一応、教習所で自動車のメカニズムは学ぶが、ほとんどの人は内燃機関や動力伝達のメカニズムを理解しないまま運転している。だから、故障した場合、自分では修理できない人がほとんどだ。自家用車であればターンキー契約もいいかもしれないが、原発のよう

な巨大プラントで、そういう契約をしているとは、私にとって驚きだった。私の理解では、一般論としても、外国から技術を入れる際は、外国の技術者と自社の技術者とが一緒になって工場を作り、試運転も一緒にやり、それでうまくいって初めて正式な納入となる。だが、どうも東電とGEとの契約はそうではなかったらしい。一号機の場合、GEが作ったものをそのままもらって稼働しているので、東電の自前の技術に完全にはなっていなかったのではないか。

ターンキー契約であったことは、事故対応の際も障害となったと思うが、さらに事故後の調査委員会の調査の際、東電が手順書を開示しない理由の一つにもなっていた。GEの知的財産権との関係を理由にして、黒塗りにして開示したのだ。

二号機の危機

夕方になると、外国首脳との電話会談が続いた。一七時三〇分からはロシアのメドヴェージェフ大統領、同五〇分からはニュージーランドのキー首相と会談した。メドヴェージェフ大統領からは人道支援とエネルギー供給面での協力の申し出があった。ニュージーランドは二〇一〇年九月にマグニチュード七・〇の、そして二〇一一年二月にもマグニチュード六・一の大地震を経験したばかりで向こうも大変な状態だったが、日本への支援を申し出てくれた。

三号機の爆発後、二号機も深刻な事態にあることが判明した。圧力が上昇し、水が入らない。

つまり、冷却できない状態になっていたのだ。

二号機について簡単に説明すると、地震と津波で一号機と三号機と同様に電源は失われたのだが、原子炉隔離時冷却系（ＲＣＩＣ）を手動で起動できたことから、注水が可能な状態にあった。そのため、一号機のベントを優先させていた。しかし、一二日午後の一号機の爆発で二号機のための電源車とケーブルが破損して使用不可能となった。さらに、一四日一一時過ぎの三号機の爆発で、サプレッションチャンバーの排気弁が故障しベントができなくなる。またこの爆発で消防車、注水ホースも破損し、注水手段も絶たれた。海水注入のための消防車がガソリン切れで稼働しないということもあり、後の解析によると一四日一八時過ぎには燃料棒の損傷が始まっていた。

二号機は先に爆発した一号機と三号機の間にあったため、二つの爆発事故の被害を受けてしまったのだ。負の連鎖の恐怖だ。

海水注入がなかなか始まらない段階で、細野補佐官のもとに吉田所長から、「これは駄目かもしれない」と電話があったという。このことを細野補佐官から聞いた時は、私も言葉が出なかった。吉田所長がそう漏らすからには、かなり危機的状況なのであろうと判断するしかない。

一八時二二分には、二号機の水位がマイナス三七〇〇ミリとなり、燃料棒全体が露出していた。二二時五〇分には二号機の格納容器の圧力は異常に上昇し、原災法の第十五条事象となる。

一号機と三号機はすでに水素爆発しており、二号機も冷却不能で燃料棒露出、さらに停止していた四号機も、その使用済み核燃料プールの温度が上昇していた。負の連鎖が現実のものとなっていた。

しかし、一時は弱気になっていた吉田所長から、「まだ頑張れる」との電話が細野補佐官のもとへかかっていた。二号機へ消防車から注水できない理由がガソリン切れと分かり、大至急、補給して消防車が稼働し、水が入るようになったとの報告でもあった。

この電話を細野補佐官が受けた時、私はそばにいたので、代わってもらい、吉田所長から「まだやれます」との決意を聞いた。現場の士気はまだ高かったのである。

三月一五日・火曜日

撤退はあり得ない

一五日午前三時頃、執務室奥の応接室のソファーで仮眠をとっていたところ、秘書官に起こされた。海江田大臣が来ていると言う。私はすぐに起きて、執務室へ入った。

海江田大臣をはじめ、枝野官房長官、福山副長官、細野補佐官、寺田補佐官たちがいたと記憶している。重苦しい雰囲気だった。震災後はずっと重苦しかったが、この時が最も沈鬱な空気が流れていたように思う。

海江田大臣から*「東電が原発事故現場から撤退を申し入れてきていますが、どうしましょう。原発は非常に厳しい状況にあります」と告げられた。はっきりとは言わないが、撤退やむなしではないかと考えているように感じられた。私はこのように答えた。

「撤退したらどうなるか分かって言っているのか。一号機、二号機、三号機、全部やられるぞ。燃料プールだってあるんだ。そのままにして撤退したら、福島、東北だけじゃない、東日本全体がやられるぞ。厳しいが、やってもらうしかない」

*国会事故調の報告では、この時、東電は「全面撤退」は考えてはおらず、それは官邸の誤解だったということになっているので、この問題についても述べておく。

「撤退問題」では、吉田所長をはじめ現場が最後まで頑張る覚悟であったことは、私もその通りだろうと考えている。しかし、東電本店では当時、福島第一原発の要員の大半を第二原発に避難させる計画が、清水社長を含む幹部間で話し合われていたことは、東電のテレビ会議記録の公開された部分に残っている。

そして、清水社長が経産大臣と官房長官に何度も電話し、両大臣が「会社としての撤退の意思表示」と受け止めたのも事実である。総理としての私は、両大臣が「撤退の申し出」と受け止めた以上、それを前提に何としても東電を撤退させないための行動をとったのである。

覚悟

前日夜の段階では、海江田大臣や枝野長官も東電からの撤退したいとの要請を断っていたが、日付が一五日になり、事態がますます深刻になってくると、撤退はやむを得ないのではないかとの考えも出ていたらしい。そして午前三時頃になり、総理の判断を仰ごうということになり、私が呼ばれたのだった。

私はこの時点で、このまま事故が収束できなかった場合は、首都圏まで避難区域が拡大するであろうことと、そうなった場合は、日本という国家の存続が危うくなると認識していた。

何としても収束しなければならないが、そのためには人命の損失も覚悟しなければならないと考えていた。

「従業員・作業員の命が第一」という考えは、平常時においては正しい。これ以上現場で作業をすると作業員が被曝し健康被害が発生し、場合によっては命も危ない。それくらい過酷な現場であることは私も認識していた。しかし、東電の作業員たちが避難してしまうと、無人と化した原発からは大量の放射性物質が出続け、やがては東京にまで到達し、東電本店も避難区域に含まれるだろう。

原発事故の恐ろしさは、時間が解決してくれないことにある。時間が経てば経つほど原発の状況は悪化するのだ。化学プラントの事故であれば、燃えるものが燃え尽きてしまえば鎮火する。しかし、原発事故に鎮火はない。化学プラントが出す有害物質であれば、一時的には甚大な被害が生じても大気に希釈されるので、いずれは無害になる。しかし、放射性物質はそうはいかない。プルトニウムの半減期は二万四千年だ。

撤退という選択肢はあり得ないのである。

誰も望んだわけではないが、もはや戦争だった。原子炉との戦いだ。放射能との戦いなのだ。日本は放射能という見えない敵に占領されようとしていた。この戦争では、一時的に撤退し、戦列を立て直して、再び戦うという作戦をとれば、放射性物質の放出で線量が上昇し、原子炉に近づくことは一層危険で、困難になる。そして全面撤退は東日本の全滅を意味している。日本という国家の崩壊だ。

ソ連のチェルノブイリ原発事故では、軍を中心とした、まさに決死隊が消火と石棺づくりにあたり、約三〇人が急性被曝で亡くなっている。もっと多いはずだとの説もあるが、ソ連という国の特殊事情で実態は分からない。ソ連は有無を言わさず命令で動く軍を持っていたので、収束できたとも言える。

命懸けで収束にあたっても、実際に収束できるのか。人命を失ったにもかかわらず、日本壊滅にまで到るか。五分五分だった。これは日本が助かる確率が五〇パーセントという意味ではない。助かるか、壊滅するか、二つに一つだという意味だ。

口には出さなかったが、私は自分の覚悟も決めていた。私に選択肢はなかった。このまま座して死を待つわけにはいかない。戦うしかない。これは原子炉という敵、放射能という見えない敵との戦いだった。日本は放射能によって占領されようとしていた。その敵は外から攻めてきたのではない。日本が自分たちで生んだものなのだ。逃げるわけにはいかない。

統合対策本部を作ると宣言

私が「撤退はあり得ない」と言うと、海江田大臣たちは頷いた。

さらに、その場にいた全員へ向かって、「まだやれることはありますね」と言った。伊藤危機管理監が「決死隊のようなものを作ってでも、頑張ってもらうべきです」と言った。伊藤管理官は元警視総監であり、危機管理のプロ中のプロだ。東電が撤退したら日本がどうなるか、よく分かっているようだった。保安院や原子力安全委員会から来ていた者も「まだやれることはあります」と言った。

私は東電の清水社長をすぐに呼ぶようにと指示した。そして、

「東電本店に行こうと思う。そして、政府と東電との統合対策本部を作る。細野君に東電へ常

駐してもらう」と告げた。

統合対策本部の構想は前日あたりから考えていたものだった。この統合対策本部の目的は、現場の状況の正確な把握と意思決定のスピードアップという実務的な理由もあったが、それ以上に、政府と東電が一体で事故収束にあたることを明確にさせることであった。とにかく、情報が不正確でしかも遅い。さらに東電は、現場は強い危機感を持っているが、本店は国家的危機だとの緊張感が薄いようにも感じられた。官邸の政治家や官僚たちは、国家の命運を背負うという意識があるが、民間会社である東電にそのような意識がないのは当たり前かもしれない。しかし、それでは困る。東電の意識を「国家の危機に政府と一体となって対処する」へ変えさせなければならない。

地震発生後、私は官房長官以下、官邸の政治家たちと、次々と発生する事象にどう対処していくかについての協議は何度もしていたが、この事故が意味しているものは何なのか、今が日本という国家にとってどのような事態なのかという、大きなテーマについて話したことはなかった。一五日午前三時過ぎに初めて、これが国家存亡の危機なのだという私の認識を伝えたのである。

私はセレモニー的な演説をする気はなかったし、そのような悠長な事態でもなかったが、その場にいた者たちに、確認するように言った。はっきりと記憶していないが、「このまま撤退したら、東日本全体が駄目になる」「逃げてどうする」「こんなことでは外国から侵略されるぞ」というようなことを言った。

ここで「外国から侵略されるぞ」と言ったのは、「この危機に乗じて火事場泥棒のようにどこかの国が侵略してくる」という意味ではなく、「日本自体が事故収束から逃げる国だと思われると、事故収束を代わってやろうという国が出てくる可能性がある」という意味だ。逃げるわけにはいかない。

東電本店へ乗り込む

四時過ぎに清水社長が来たので、「撤退なんてあり得ませんよ」と告げた。清水社長は「はい、分かりました」とあっさりと答えた。「いや、撤退させてください」とも言わない。あまりにもすぐに「はい」と言ったので拍子抜けした記憶がある。

私は「統合対策本部を作り、細野補佐官をそちらに常駐させたいので、部屋と机を用意してください」と告げた。社長はこれに対しても、「はい、分かりました」と言った。

さらに、「これからすぐにそちらの本店に行きたいので準備をしてください」と告げ、何時間で準備ができるかと訊くと、二時間と答えるので、もっと早く五時半に行くと告げた。

五時二六分、官邸を出発した。官邸の外へ出るのは一二日早朝に福島第一原発と被災地を視察に行って以来だった。車に乗る前、記者たちに囲まれたので、政府と東電の統合対策本部を設けると発表し、「憂慮すべき状況は続いているが、何としてもこの危機を乗り越える。陣頭指揮に立って、やり抜きたい」という趣旨のことを言った。

五時半過ぎに内幸町の東電本店に着いた。これまでの情報伝達の遅さから、こんなに近かったのかと驚くほどだった。もちろん、現代社会においては、実際の距離と情報のスピードはそれほど関係がない。それにしても、これなら伝令が走ってメモを運んでいったほうが早かったのではないかと思うほどの距離だった。

二階が対策本部となっており、数百人が働いていた。

オペレーションルームにはモニターがいくつも並んでおり、その一つは福島第一原発ともつながっていた。つまり、リアルタイムで吉田所長と話せるシステムはあり、さらに、各サイトの様子もある程度は分かるのだ。それなのに、なぜ現場の様子が官邸へは伝わらなかったのだろうか。

序章にも記したが、私は、勝俣会長、清水社長以下、そこにいた社員を前にこのように述べた。

「今回の事故の重大性は皆さんが一番分かっていると思う。政府と東電がリアルタイムで対策を打つ必要がある。私が本部長、海江田大臣と清水社長が副本部長ということになった。

これは二号機だけの話ではない。二号機を放棄すれば、一号機、三号機、四号機から六号機、さらには福島第二のサイト、これらはどうなってしまうのか。これらを放棄した場合、何か月か後にはすべての原発、核廃棄物が崩壊して放射能を発することになる。チェルノブイリの二倍から三倍のものが一〇基、二〇基と合わさる。日本の国が成立しなくなる。

何としても、命懸けで、この状況を抑え込まない限りは、撤退して黙って見過ごすことはできない。そんなことをすれば、外国が『自分たちがやる』と言い出しかねない。

皆さんは当事者です。命を懸けてください。逃げても逃げ切れない。情報伝達が遅いし、不正確だ。しかも間違っている。皆さん、萎縮しないでくれ。必要な情報を上げてくれ。目の前のこととともに、一〇時間先、一日先、一週間先を読み、行動することが大切だ。

金がいくらかかっても構わない。東電がやるしかない。日本がつぶれるかもしれない時に、撤退はあり得ない。会長、社長も覚悟を決めてくれ。六〇歳以上が現場へいけばいい。自分はその覚悟でやる。撤退はあり得ない。撤退したら、東電は必ずつぶれる。」

＊統合対策本部を立ち上げた経緯については、国会の事故調査委員会でこう述べた。

「一般的に言えば、民間企業に対して政府が直接その本店なり本社に乗り込むというか何かするということは普通はありません。しかし、原災法を厳密に読めば、事業者に対する指示という権限も本部長には与えられております。しかし、それは原災法上にあるからといってそれをそう簡単に行使していいかどうかは、私もそこまで早い段階から考えていたわけではありません。

しかし、撤退という問題が起きた時に、これはきちんと東電の意思決定と政府の意思決定を統一しておかなければ、いわばそこの齟齬《そご》で大変なことになると、そういう思いで統合本部を提案し、了解いただいたわけで、今考えればもっと早かったほうがよかったということはその通りでありますが、その時点では撤退問題がひとつのきっかけになって統合本部を立ち上げることができたというか、そういうことになったということが、これが事実であります。」

四号機爆発、二号機圧力低下

統合対策本部を東電本店に置き、私が本部長となったが、最初から私自身がここに常駐するつもりはなかった。副本部長に海江田大臣と清水社長になってもらい、細野補佐官に事務局長として東電に常駐してもらうことにした。海江田大臣もかなりの時間を東電本店で過ごすことになる。

オペレーションルームで社員に対しての訓示を終えると、会議室へ案内された。そこにもテレビ電話があり、福島の現地とつながっていた。吉田所長とテレビ会議システムで話すことができたが、すぐに「すみません、緊急事態です」と言って、打ち切られた。

午前六時頃、現場で何かが起き、緊張が走った。二号機について東電本店の社員から、「圧力容器の底が抜けたのではないか」「外圧と同じになった」などの説明があった。

二号機が爆発したかと思ったが、そうではなかった。四号機の建屋が爆発したのだ。今回も水素爆発だった。しかし、同時に二号機もサプレッションチャンバーが破損し、高濃度の放射性物質が外部に放出していた。

四号機は地震・津波発生時は定期点検中だったので、原子炉の中の燃料棒はすべて取り出され、運転を停止していたため、それまでは安全と思われていた。しかし、実は使用済み核燃料プールは最も危険だった。というのは、四号機は使用中の核燃料棒を原子炉に隣接して設けられた使用済み核燃料プールに移していたのである。原子炉の中にある核燃料は、格納容器、圧力容器で遮蔽されているが、燃料プールは建屋で覆われているだけだった。

四号機の場合、原子炉建屋の四階・五階部分に燃料プールはあるが、これはビルの中にある普通のスイミングプールと同じようなもので、特別の防御壁で覆われているわけではなかった。プールに水があり、冷却できている間はいいのだが、冷却できなくなりプールの水が高温となって蒸発していくと燃料棒が露出し、放射性物質を出し、それをガードするのは、建屋しかないのだ。

四号機も地震と津波により全交流電源喪失となり、プールの冷却機能は失われていた。このままでは蒸発して水位が低下するのだが、調査の結果、二〇日までは大丈夫だろうとのことで、一号機から三号機への対応が優先されていたのだ。前日一四日四時の段階でも、プールの水温は八四度で、沸点には到達していなかった。

では、なぜ一五日六時一〇分頃に爆発したのか。東電の推測では、三号機の滞留水素が、配管を通じて四号機に流入し、爆発したのではないかとのことだ。また、ほぼ同時に四号機では火災も発生した。

そして、四号機の爆発とほぼ同時に二号機のサプレッションチャンバーの圧力が急低下した。これらは現場に誰かがいて確認したのではなく、モニターで確認したものだ。

幸運だったとしか思えない

なぜ二号機の圧力は急低下したのか。どこかに穴が開いて、そこから内部の水蒸気などの気体が外へ出たのは確かで、同時に大量の放射性物質も外へ出た。放射性物質を外へ出したことは許されることではないのだが、結果としては、この時の原因不明の穴のおかげで、格納容器そのものの大爆発は防げたのである。つまり、ゴム風船をふくらませていくと、最後には破裂してしまい、風船は原形を留めなくなるが、紙風船をふくらませていくと、ある段階までいくと、プシュッと紙のつなぎ目あたりから穴が開いて空気が逃げ出し、紙風船は萎《しぼ》んでしまうが破裂はしない。二号機はこの紙風船のようなかたちでどこかに穴が開いて、空気が抜け出てくれたのだ。

これはそういう設計になっていたのでもなければ、マニュアルに書かれていた手順通りにしたらそうなったのでもなく、誰かが苦肉の策として考えて意図的にどこかに穴を開けたのでもない。どこか脆《もろ》くなっていたところがあったのか、圧力上昇で穴が開いたのである。

福島第一原発の作業員、そして自衛隊、消防、警察といった人たちの命懸けの働きを過小評価するものではないので、誤解しないで欲しいのだが、私は、この事故で日本壊滅の事態にならずにすんだのは、いくつかの幸運が重なった結果だと考えている。その一つがこの二号機の原因不明の圧力低下だ。もし二号機の格納容器がゴム風船が破裂するように爆発していたら、もう誰も近づけなくなっていたはずだ。

四号炉の使用済み核燃料プールの水が残っていたのも幸運の一つだ。定期点検作業の遅れで、事故発生当時、原子炉本体に水が満たされており、この水が何らかの理由でプールに流れ込んだことによるとされている。

つまり、私たちは幸運にも助かったのだ。幸運だったという以外、総括のしようがない。そして、その幸運が今後もあるとはとても思えないのだ。

もちろん今回のようなシビアアクシデントに対する予《あらかじ》めの備えがあり、マニュアルがあり、訓練が十分であれば、これだけ事故が拡大せずに収束できたであろう。しかし、そうした備えのない中で収束に向かったのは、幸運だったとしか言いようがない。

もし、幸運にも助かったから原発は今後も大丈夫だと考える人がいたら、元寇《げんこう》の時に神風が吹いて助かったから太平洋戦争も負けないと考えていた軍部の一部と同じだ。神風を信じることはできない。

二号機から大量の放射性物質が出たことと、四号機が爆発したことで、緊張が走った。特に二号機から放出した放射性物質はこれまでで最大となり、深刻だった。避難区域の拡大の検討が必要だった。

国民へのお願い

一五日は火曜日だった。火曜は定例の閣議が開かれることになっていたので、八時半過ぎに官邸へ戻ることになった。東電には三時間弱、いたことになる。統合対策本部を作り本部長となったとはいえ、私は東電にずっと陣取り、指揮を執るつもりはなかった。既成事実として、数時間でもいいので本部長である私が東電本店内に座ることが重要である。その後は、本部長は不在となっても、本部長の権限を委譲された事務局長の細野補佐官が指揮を執るというかたちにしなければならない。

閣議の準備もあるので、八時半過ぎに出ることになり、海江田大臣と細野補佐官、寺田補佐官が残って統合対策本部の設置に入ってもらうことにした。

一般的に官房長官は少なくとも一日二回記者会見を行って、震災や原発の状況など必要な情報を国民に伝えることになっていた。この日は、四号機の爆発、二号機の圧力低下などがあり、危険性が増大したため、第一原発の半径二〇キロから三〇キロについて、屋内退避を呼びかけることになった。そこで、この時は私が一一時から記者会見を行った。

以下その呼びかけを再録する。

「国民の皆様に、福島原発について御報告をいたしたいと思います。是非、冷静にお聞きをいただきたいと思います。

福島原発については、これまでも説明をしてきましたように、地震、津波により原子炉が停止をし、本来なら非常用として冷却装置を動かすはずのディーゼルエンジンがすべて稼働しない状態になっております。この間、あらゆる手だてを使って原子炉の冷却に努めてまいりました。しかし、一号機、三号機の水素の発生による水素爆発に続き、四号機においても火災が発生し、周囲に漏洩《ろうえい》している放射能、この濃度がかなり高くなっております。今後、さらなる放射性物質の漏洩の危険が高まっております。

ついては、改めて福島第一原子力発電所から二〇キロメートルの範囲は、すでに大半の方は避難済みでありますけれども、この範囲に住んでおられる皆さんには全員、その範囲の外に避難をいただくことが必要だと考えております。

　また、二〇キロメートル以上三〇キロメートルの範囲の皆さんには、今後の原子炉の状況を勘案しますと、外出をしないで、自宅や事務所など屋内に待機するようにしていただきたい。そして、福島第二原子力発電所については、すでに一〇キロ圏内の避難はほぼ終わっておりますけれども、すべての皆さんがこの範囲から避難を完全にされることをお願い申し上げます。

　現在、これ以上の爆発や、あるいは放射性物質の漏洩が出ないように全力を尽くしております。特に東電始め関係者の皆さんには、原子炉への注水といったことについて、危険を顧みず、今も全力を挙げて取り組んでいただいております。そういった意味で、何とかこれ以上の漏洩の拡大を防ぐことができるように全力を挙げて取り組んでまいりますので、国民の皆様には、大変御心配はおかけいたしますけれども、冷静に行動をしていただくよう心からお願いを申し上げます。

　以上、国民の皆さんへの私からのお願いとさせていただきます。」

　この時は一問だけ、質問にも応じた。

　記者から、「総理、すみません、二号機への言及がありませんけれども、二号機はもっと深刻な事態なのではないでしょうか」とあり、私は「今、申し上げましたように、何号機ということ等について、いろんな現象がありますので、全体を見て現在対応していますので、そういった意味で一つひとつがどうだという話は、場合によってはまた別の機会に東電のほうから報告をすると、こういうふうに認識しております」と答えた。

最高責任者としては、この時点ではここまでしか言えなかった。

起きたことを隠すことはしない。しかし、確実なこと以外、総理からは言わない。それが方針だった。今回のようなシビアアクシデントは初めての経験であり、誰も自信を持って将来のことを予測できない。総理大臣へ助言できるのは法律上は原子力安全委員会だが、その委員会も断言できない。東工大のネットワークでセカンドオピニオンを得ることはできたが、彼らの意見も参考意見でしかない。最悪の事態として「東日本全滅」と言う人もいれば、「たいしたことにはならない」と言う人もいる。そのすべてを公表して、あとは国民ひとりずつ自分で判断して行動してくださいと言うのは、あまりにも政府として無責任だ。

情報をすべて公開するというのは、そういう意味ではない。政府が公式に発表する情報は、最終的にはその内容も含めて、政府が責任を取らなければならない。*責任を持てない情報は発表できない。そこが政府とマスコミとの立場の違いだ。もちろん、マスコミも無責任に情報を流すことは許されないと思うが、その重さは政府とは異なる。

特に内閣総理大臣の記者会見での発言は、国家の代表としての最終的な発言で、極めて重い。

訂正もできないし、取り消すこともできない。そういうギリギリの判断の中での会見なのである。

＊ここで、SPEEDIのデータを官邸が活用しなかった件について記しておく。このデータが官邸に伝わっていたのは確かだが、それは首相官邸という建物のどこかへ届いていた、あるいは首相官邸という組織のどこかへ届いていたという意味で、私自身のもとへは届いていない。私を含めた官邸の政治家たちが、このデータを見ていながら利用しなかった、あるいは隠していた事実はない。この問題は政府内の情報伝達の問題であり、最終的には最高責任者である総理の責任であることは免れないが、私たち官邸の政治家が意図的に隠したのではないことだけは、記しておく。

日本売り

東電本店に統合本部を設置し、細野補佐官を常駐させる体制が整ったおかげで、情報伝達はスムーズになったものの、それだけで事故現場の状況が好転するわけではない。危機は続いていた。

四号炉の火事は一二時二五分に鎮火が確認されたが、使用済み核燃料プールは屋根が爆発で飛んでしまった状態だ。何の覆いもないのでこのまま水が蒸発してなくなってしまうと、放射性物質はそのまま大気中に出てしまう。何としても、注水が必要だった。一方、一号機や三号機も同じだが、屋根がなくなったことをプラスに考えると、上空からの注水が可能になったことでもあった。

自衛隊のヘリからの注水の検討も始まっていた。

一五日は早朝から原発の状況が悪化していったこともあり、東京株式市場は、一気に、いわゆる「日本売り」が進み、東証の終値は前日比一〇一五円安となった。各国の在日大使館は日本にいる自国民へ避難勧告を出し始めていた。後で聞いた話だが、来日公演を予定していた多くの音楽家がキャンセルしてきたという。その一方で、日本支援のために来てくれるミュージシャンもいたと聞く。ありがたいことである。

いずれにしろ、五千万人の避難という最悪のシナリオの前兆ともいうべき事態が始まっていた。人が「避難」するだけではすまないのだ。原子力災害は、経済、社会、文化、ありとあらゆる分野に波及する。

反転攻勢の始まり

統合対策本部が立ち上がり、東電と政府一体の本格的な作戦が始まった。

そのスタートは自衛隊によるヘリコプターからの使用済み核燃料プールへの注水であった。

一五日の一六時前、北澤防衛大臣が折木良一統合幕僚長を伴って官邸へ来て、注水について話し合った。折木幕僚長からは「自衛隊は国民の命を守るのが使命です。命令があれば全力を尽くします」と大変心強い発言があった。

東電に全力を尽くしてもらうのはもちろんだが、統合対策本部を設置したからには、政府としても報告を待って判断するだけでなく、事故収束にこれまで以上に積極的に関与するつもりだった。北澤防衛大臣とは自衛隊の役割は大きいと話した。

夕方、統合対策本部の事務局長となった細野補佐官が報告に来た。私たちが東電を引き揚げてから後のことを、報告してくれた。東電社員ばかりがいる中に、政府の代表として座るのは、精神的にも負担が重いだろうが、彼ならどうにかやってくれると信頼していた。細野補佐官は総理の代行としての職務を十分に務めてくれた。

一一日夜の電源車の手配の際もそうだったが、警察や自衛隊の力を借りればスムーズに動くことが多い。それを一件ずつ保安院や経産省を経由して官邸に上げて、官邸から関係する府省と調整していたのでは時間がかかる。東電に統合対策本部事務局長として細野補佐官が常駐するようになってからは、彼が直接関係府省と調整できるので、かなりスムーズに動くようになったと聞いている。

細野事務局長には政府から何人かのスタッフがつくことになった。そのひとりが、私が副総理兼科学技術担当大臣当時の生川浩史秘書官で、彼は事故当時は、文部科学省から理化学研究所に出向していたが、私の要請で官邸スタッフとして東電に常駐してもらった。それ以来、彼は半年にわたり土日を含め一日も欠かさず毎日数回、現場の状況を報告してくれ、これによって、私は現場の状況をほぼリアルタイムで知ることができ、判断を下す上で大変助かった。

三月一六日・水曜日

自衛隊への指示

福島第一原発の危機的状況は続いていた。

一六日五時四五分には四号機の建屋から出火したのが確認された。前日、出火したのと同じ場所だった。八時三七分には三号機から白煙が上がっていると確認された。核燃料プールの水が沸騰しているのではないかと危惧された。四号機のプールもこのままでは沸騰するだろう。原発の正門近くの放射線量は一〇時四〇分で毎時一〇ミリシーベルトとなった。

とにかく、冷やすしかない。水を入れるしかない。変な言い方になるが、水素爆発が起きたり、原因不明の穴が開いたりし、原発としてもはや使い物にならなくなっている以上、事態は深刻ではあるのだが、対処法は単純になっていった。とにかく冷やせばよかった。

もちろん、「水を入れて冷やせ」も、「言うは易《やす》く行うは難《かた》し」であることは分かっていた。放射線量が高いのが近づけない最大の理由だが、地震・津波と相次ぐ爆発で瓦礫が飛び散っていた。作業環境は最悪だ。その中での時間との戦いとなる。

午後になって、私は一二時四六分から北澤防衛大臣と防衛省の中江公人事務次官、下平幸二情報本部長、そして細野補佐官らと協議し、自衛隊に原発事故収束のため、これまでのような後方支援的な活動ではなく、前面に出ることを検討してもらうことになった。

国家として総力を挙げてこの事故を収束しなければならない。

一六時頃、陸上自衛隊のヘリは上空からの注水のために飛び立ち、三号機に近づいたが、放射線量が高く、作業はできなかった。当然の話だが、原発の真上からでなければ注水はできず、その真上は最も放射線量が高い。

この日は注水はできなかったが、ヘリに東電社員も乗り込んでおり、ビデオで三号機と四号機を撮影し、四号機のプールに水があることを目視できた。

私は北澤防衛大臣に、「厳しいだろうが、明日は何としてもやってほしい」と伝えた。陸上自衛隊のヘリからの注水作戦は翌日、実行される。

二二時一六分からは、潘基文《パン・ギムン》国連事務総長と電話会談を行った。潘事務総長からは、地震・

津波へのお見舞いと、日本国民が国難を乗り越えようとしていることへの感銘が伝えられ、私はこれに感謝した。また、「福島原発の事故についても、国連としていかなる支援も惜しまない。国連は日本国民とともにある」との言葉ももらった。原発の事故について私からは、「日本として、国際社会に対し必要な情報提供を行っていく」と答えた。

当然ではあるが、世界中が福島に注目していると、改めて感じた。

三月一七日・木曜日

自衛隊ヘリの注水

九時四八分、陸上自衛隊のヘリコプターが、三号機へ上空から注水した。以後、五二分、五八分、一〇時と、四回にわたり、水が投下された。この模様はテレビで中継され、私は成功してくれと祈りながら見ていた。

前日は放射線量の高さで見送られた作戦が、この日はようやく成功したのである。ヘリコプターに放射線を遮蔽する金属板を貼り付けての、自衛隊員のまさに決死の作戦だった。

自衛隊は今回の原発事故でも、初期段階から情報収集を始めていた。一一日一九時過ぎの非常事態宣言発令の後、北澤防衛大臣は原子力災害派遣命令を出しており、陸上自衛隊の中央即応集団（ＣＲＦ）に所属する中央特殊武器防護隊が福島へ向かった。この部隊は、核・生物・化学兵器に対応するための部隊で、原発事故を想定した訓練は受けていないが、自衛隊の中では最も原子力事故への備えがある部隊だった。

前述のように一一日夜、福島へ電源車を送るために官邸のスタッフが取り組んだ際も、自衛隊にはだいぶ協力してもらっていた。また、現地では特殊武器防護隊員が冷却水を補給する作業に取り組んでいた時に、三号機が爆発し、負傷者が出ていた。

このように事故発生後の早い段階から自衛隊は活動していたが、後方支援的なものだった。しかし、一五日以降は、自衛隊に前面に出てもらうことにした。統合対策本部を立ち上げ、現地との連絡、調整がスムーズにいくようになっていたこともあって、自衛隊も動きやすくなり、この作戦の実施につながった。

この注水作戦の成功は、事故の拡大に対する反転攻勢の第一弾となった。

作戦成功直後の一〇時二二分、アメリカのオバマ大統領と電話会談をした。オバマ大統領もテレビで自衛隊の注水作戦を見ていたそうで、感激してくれていた。

この自衛隊のヘリからの注水作戦は、まさに目に見える作戦であり、しかも、被曝を覚悟しての決死の作戦であった。その危険性を最もよく理解していたのは、米軍だったようで、この作戦以後、アメリカ軍の態度が大きく変わったと、北澤防衛大臣から聞いている。「トモダチ作戦」として支援に来ていた米軍としても、原発事故は気がかりだったようで、日本政府がどこまで本気で解決しようとしているのか、疑心暗鬼な雰囲気もあったという。しかし、自衛隊は、日本政府が本気であると行動で示してくれた。

オバマ大統領との電話会談は、三〇分ほどのものだった。地震発生後、オバマ大統領と話すのは二度目で、今回はかなり具体的な話をした。公式に発表された内容を要約すると、「在日米軍による支援やレスキュー・チームの活動といった当面の対応のみならず、さらなる原子力の専門家の派遣や、中長期的な復興も含めて、あらゆる支援を行う用意がある」と大統領から伝えられた。私は米国の支援に対する謝意を表明した上で、「原発事故に対し、警察・自衛隊を含め、全組織を動員して全力で対応している」と説明し、「申し出のあった支援については米国側とよく協議していきたく、また米国派遣の原子力専門家と日本側の専門家の間で引き続き緊密に連携していきたい」と答えた。

首脳会談はセレモニー的な要素もあるが、かなり踏み込んだことも話される。この会談により、原発事故に対し、これまで以上にアメリカが支援することが担保された。

石原都知事への協力要請

一三時から衆議院本会議が開かれた。震災後、初めての本会議だったので、冒頭に全議員で黙禱した。

黙禱を終えるとすぐに官邸へ戻り、北澤防衛大臣以下防衛省幹部と会い、注水作戦を労《ねぎら》った。自衛隊だけでは足りないので、消防や機動隊などにも、注水活動の協力を依頼する必要があった。消防の中で最新鋭の重機を持っているのは東京都だった。私は一九時頃、阿久津幸彦内閣府政務官に電話した。阿久津政務官は国会議員になる前は石原慎太郎都知事が衆議院議員だった時に秘書を務めていた。今もまだ石原都知事と親しい関係なのかどうかは分からなかったが、早急に石原知事と連絡を取る必要があると考え、阿久津政務官に頼んだのだ。

阿久津政務官はこの時、緊急災害対策本部の現地対策本部長代行として宮城県庁にいた。私は「使用済み核燃料プールに水を入れる必要があり、東京消防庁が持っている最新鋭のポンプ車が必要だ。石原さんに頼んでもらえないか」と言った。阿久津政務官はすぐに石原知事に連絡してくれた。

折り返し、阿久津政務官から電話があり、知事が自宅にいるというので、聞いた番号へ電話をかけ、協力を要請したところ、快諾してくれた。

東京消防庁には、実は大変申し訳ないことをしていた。前日（一六日）に、東電から対策本部に対し東京消防庁の特殊災害対策車を借りたいとの要請があったので、総務省消防庁から東京消防庁に要請し、特殊災害対策車を運んでもらうことになった。現地で車両を動かすのは東電がするということだった。ところが、東京消防庁の隊員が特殊災害対策車を福島県いわき市まで運んだのに、誰も引き取りに来ない。ようやく来た東電の社員も事情がよく分かっていない様子だったので、消防は引き返してしまった。

東京消防庁の厚意を踏みにじったかたちになっていた。そのあたりの事情を私は知らなかったのだが、一七日になって私のもとへ、総理からも石原都知事に頼んで欲しいと言われたので、私は阿久津政務官を通して、連絡を取ってもらったのである。

石原都知事とは考え方が異なる点も多く、日頃、民主党や私を批判していることはよく分かっていたが、国難にあってはそれを乗り越えて協力してくれたのである。後になって、一度現地近くまで運んでもらったものをこちらの連絡の不手際で帰らせていたということを知り、なおさら、ありがたかった。石原都知事が協力してくれたのは、もちろん私のためではなく、日本のためであろう。それでいいのである。

東京消防庁のレスキュー部隊も命懸けで取り組んでくれたことで、他の県の消防も協力してくれた。東電も現場は命懸けだった。この震災と原発事故で、日本の現場力は強いと改めて認識できた。

皇居へ――スーツでの異例の認証式

この日は人事も行った。七八歳になる藤井裕久官房副長官から高齢を理由に辞任したいとの意向が伝えられたので、後任に、民主党代表代行の仙谷由人議員を起用することにした。仙谷氏は私が総理大臣になった時から官房長官として支えてくれていたが、一月の内閣改造で閣外へ出て、党の代表代行になってもらっていた。民主党の議員の中では官僚機構を熟知している経験を生かし、この危機に対応してもらうことになったのだ。仙谷氏は数か月前までは官房長官で、今度は副長官、しかも上司になる枝野長官は歳下と、ある意味では降格人事なのだが、快く引き受けてくれた。

藤井氏には、首相補佐官として残ってもらうことにした。補佐官は五名までと決められていたため、申し訳なかったが、加藤公一補佐官には退任してもらった。

官房副長官は法律上、いわゆる「認証官」にあたる天皇の認証を必要とする役職だ。そのため、皇居で認証式をしなければならず、通常は男性であればモーニング着用がきまりだが、時期が時期であるとして宮内庁と協議し、スーツでよいということになった。

一九時五五分に皇居へ着き、スーツで認証式に臨んだ。天皇陛下もスーツで出席された。平服での認証式は史上初めてのことであったという。

この時点では、まだ原発事故は危機的状況だった。私はこのまま収束できない場合、どの段階で皇室に東京から避難していただくかを考えるべきかなど、頭の中で最悪のシナリオの一端を考えていた。これも総理大臣としては当然のことである。

官邸には二〇時四八分に戻り、藤井補佐官に辞令を交付した（首相補佐官は認証官ではない）。

二三時過ぎ、細野補佐官が東電の統合本部から報告に来た。

朝、自衛隊のヘリからの放水が成功したのに続き、午後は警視庁の高圧放水車で放水し、さらに自衛隊が高圧消防車五台で地上から放水したなどの報告があった。

とにかく、放水して冷却するしかないと指示した。

三月一八日・金曜日

谷垣総裁への働きかけ

地震発生からちょうど一週間である。

しかし、そんな感慨に耽《ふけ》っている暇はない。

金曜日なので九時半から定例の閣議があり、その後、何人かの閣僚と個別に話し、民主党の岡田幹事長とも会った。幹事長には、震災対応のための危機管理内閣を作り、現在は閣僚の数は一七人と決められているが、これを三人ほど増やして野党にも閣内に入ってもらうことを打診するよう指示した。この構想は結局、実現しなかった。

国会の「ねじれ」は解消されてなく、今後、震災対応のための補正予算のことやさまざまな法改正が必要になると予想された。補正予算の作成、審議、成立にはスピードが求められる。国会軽視という気持ちはないが、このような国難においては与野党に関係なく、対応すべきではないかと考えたのだ。

当時の報道では一九日に、私がいきなり谷垣総裁へ電話をかけて入閣を要請したので、「あまりに唐突だ」と谷垣総裁が言って、即答はせず、すぐに自民党の役員会を開いて拒否することで決まったとある。後段は正しいのだろうが、私がいきなり電話をしたというのは誤りだ。

自民党の谷垣総裁とは、震災後、公の場での党首会談でも顔を合わせていたが、それとは別に、自民党の中で私が親しくしていた加藤紘一議員を通じて、一対一での会談を申し入れていた。加藤議員とは、自民・社会・さきがけ連立の村山富市内閣時代に政策担当者として一緒に仕事をして以来の関係だ（当時、私はさきがけの政策担当者だった）。小渕恵三内閣時代の金融危機の時は、民主党案を丸呑みするのであれば政局にはしない、つまり、小渕内閣の責任は問わないと決めた時も加藤議員が自民党側の窓口だった。そういう経緯があり、さらに、谷垣総裁はかつては加藤グループに属し、加藤議員とは近いこともあり、加藤議員は私のために、というよりも日本のために、動いてくれた。

加藤議員と谷垣総裁との間でどこまで話がまとまっていたのか、私には分からない。私から谷垣総裁へは、何度か一対一、つまり「サシ」で会いたいと申し入れたが、その機会はなかった。そこで、何度目かの申し入れに対して、一対一で会うことはできないが、話があるなら、「この番号へ、この時間にかけてくれ」と伝えられた。その通りに電話をし、「国の危機に対して入閣して責任を分かち合ってくれ」と私の考えを話したが、やはり電話では真意を十分には伝えきれなかったようで、話は物別れに終わった。

危機管理内閣構想は「政権延命」のためと批判された。そんなことを言っている場合ではないだろうとの思いはあった。

さて、一八日に戻すと、この日になってようやく、東電は、一号機から六号機までの燃料プールにある核燃料が、合計して四五四六本であると発表した。そのうちの一三三一本が四号機にあった。

一四時一五分、ＩＡＥＡ（国際原子力機関）の天野之弥事務局長の表敬訪問を受けた。「原子力発電所の事故に連携して取り組みたい」との国際社会の申し出を伝達されたので、「福島第一原発の問題に全力を挙げて取り組んでおり、ＩＡＥＡをはじめ国際社会に対し、最大限の透明性を持って情報提供していく」と述べた。

一九時からはフランスのサルコジ大統領と電話会談をした。「必要な支援があれば何でも言っていただきたい」とのことで、お見舞いの言葉と支援、連帯の姿勢に謝意を表し、被災者支援と原発の状況を説明した。

一週間目のメッセージ

地震発生から一週間が経過した。総理として一週間の区切りとして、自らの言葉で国民にメッセージを伝えたいと考え、二〇時一三分から記者会見を行った。

この会見では地震、津波と原発事故という二つの危機に直面していること、原発事故はまだ予断を許さない状況であることを率直に述べた。そして避難所で生活されている皆さんに、その御苦労に心からのお見舞いを申し上げた。

震災から一年半を経た今日でも、多くの人々が避難生活を送られ、家族がバラバラに生活しなければならないなど本当に申し訳ない気持ちでいっぱいだ。

一週間目のメッセージの主なところを再録する。

「今、私たちは二つの大きな問題に直面をいたしております。それは巨大な地震、津波というこの被害に加えて、この地震、津波が原因として引き起こされた大きな原子力事故。この二つの危機に直面をいたしております。

救援活動については多くの混乱があり、また困難があります。しかし、次第にそうした困難を乗り越え、支援物資なども被災者の皆さんに届くようになっていくと思いますし、生活再建についても、これから次第次第と前進をしてまいると思います。さらには日本の復興についても、必ずやこの地震、津波の被害を乗り越えて日本全体が復興できる。このように確信をいたしております。

その一方で、福島における原子力事故の状況はまだまだ予断を許さない状況が続いております。今、この危機を乗り越えるため、東京電力、自衛隊、警察、消防、関係者の皆様が、まさに命懸けで作業にあたっていただいております。私も、この原子力事故に対して決死の覚悟で最大限の努力を尽くしております。必ずや国民の皆様とともに、そして現場をはじめ多くの関係者とともに、必ずやこの危機を乗り越えて、国民の皆さんに安心を取り戻したい。その決意を胸に秘めて、これからもさらに努力をしてまいります。

これまで、世界各国から本当に多くのお見舞いをいただきました。一一七か国の地域と国、二九の国際機関、多くの支援の申し出をいただき、すでに支援活動も始まっております。大変ありがたいと思っております。私たちは戦後最大のこの危機に対して、こういう全世界からの支援も含めて、くじけているわけにはいきません。何としても、この危機を乗り越えていくんだという強い決意をすべての国民が胸に秘めて前進をしていこうではありませんか。

避難所で生活をされている皆さんは、寒い中、また食糧や水が不十分な中、またトイレの不便さの中、本当に御苦労をされていることと心からお見舞いを申し上げます。是非とも家族や地域や、あるいは見ず知らずの人であっても、避難所で行動を共にする皆さんとしっかりと助け合って、この苦しい中の避難生活を乗り越えていただきたいと思います。」

質疑応答では、次のようなやりとりがあった。

「日本テレビの青山です。福島第一原発についてですけれども、周辺地域の人々のみならず、日本国民に大変今、不安を与えている事故だと思います。さらに、政府の出す情報に対する不信感も一部で広がっています。日本の総理大臣として、今の現状はどれだけ危険なのか。それとも、どれぐらい安心していいのか。そして、今後の見通しをどのように持っているのか。具体的な例もできるだけ含めてわれわれに教えてください。」

「今回の原子力発電所の事故について、私や官房長官が知りうる事実については、すべてを公開してまいりました。これは国民の皆様に対しても、国際的なかたちの上でも、そのことは改めて申し上げておきます。

その上で、現在の状況は、この福島の原子力発電所の事故がまだまだ予断を許さない状況にある。このことは率直に申し上げているところであります。そして、その状況を何としても解決していくために、現在、東京電力あるいは自衛隊、消防、警察、関係者が決死の覚悟でこの対応をしていただいております。

本日は三号機に対する放水活動も行われました。こういったかたちで、まだ予断を許さない状況でありますけれども、そう遠くない時期には全体をしっかりとコントロールして、そういう状況から脱却できる。そうした方向に向けて全力を挙げているということを、国民の皆様に申し上げたいと思います。」

「読売新聞の五十嵐です。総理がおっしゃったように、今、地震、津波に続いて、原発事故、さらには停電。そして、何より被災者支援。一つひとつ取っても大変な危機が連鎖しています。そうした中で国民は、今の政府の対応で十分なのかということについて不安を持っている方も多いと思います。総理は、具体的に今の態勢で十分だと思われているのか。今日、岡田幹事長が大臣を三人増やすべきだという発言をしていましたけれども、態勢を強化する具体策をお持ちなのかどうかお聞かせください。」

「地震発生直後から政府として即座に行動を起こし、全力を挙げてこの問題の解決、危機を乗り越えることに全力を挙げているところであります。その上で、さらに態勢を強化する上で、現在、与野党間で内閣を強化するための方法についても話し合いをいただいている。そうした努力も含めて、さらに力を、対応力を高めて、この危機に対応してまいりたいと思っております。」

「毎日新聞の田中です。被災地の再建について伺います。総理は先ほどのメッセージで、安心して生活できる環境を全力で準備したい、新しい場所に移っていただくということをおっしゃっていましたけれども、今の被災地というのは町の建物が根こそぎさらわれるような被害を受けているわけで、インフラの再建も含めて時間が大変かかると思いますが、その間、今、避難所で過ごされている方たちにどういうふうに過ごしていただくか、政府として検討中のことをお示しいただければと思います。」

「避難生活が長期間にわたることに備えて、いろいろな申し出もあり、いろいろな対応を準備いたしております。特に全国各地から自治体や、あるいはいろいろな団体、個人からも、そうした被災者を受け入れてもいいという申し出もいただき、また、こちらからもお願いを申し上げております。できるだけ厳しい避難生活があまりにも長期にわたらないように、そういった全国各地の皆様に、そうした被災者を受け入れていただけるよう、政府としても全力を挙げて努めていきたい。こう考えております。」

問題は山積していた。

一週間ぶりに公邸へ

この夜、二一時四七分に、私は一週間ぶりに公邸へ帰った。私が帰らないと、官邸のスタッフたちも自宅へ帰れないと聞いたので、帰ることにしたのだ。みんな必死だった。本当に不眠不休だった。

この一週間で官邸の外へ出たのは、一二日早朝の福島第一原発と被災地の視察、一五日早朝の東電本店、一七日の国会の衆議院本会議と夜の皇居での認証式、この四回だけだった。

三月一九日以降

危機は続く

三月一九日以降も決して危機的状態から脱していたわけではない。

特に四号機は爆発で建屋の壁が壊れており、柱だけで建造物を維持していた。大きな余震が来て倒壊したら、プールが崩れ、使用済み核燃料が転がり出る。そうなったら、もう手がつけられない。補強工事を急がせたが、それまでは大きな余震のないことを祈るしかなかった。

東電は、福島第一原発への外部電源の復旧に努力していた。一九日に復旧すると伝えられた時は、かなり安堵した。電源が回復すれば、冷却機能が動き出してくれると考えていたのだ。

しかし、それは甘かった。外部からの電源が復旧しても冷却水を循環させるポンプなどが壊れていたため作動しなかった。外部からの注水を続けるしかなかった。仮設ポンプを設置することにし、その間は消防車や放水車での注水を続けた。

注水にあたっては、東京消防庁のハイパーレスキュー部隊も命懸けで取り組んでくれた。その他の県の消防も協力し、オールジャパンで原発事故収束に取り組む態勢となっていった。

東電の工事部隊の他、各地から来る警察、消防、そして自衛隊といった複数の組織が合同で作業に取り組むことになったので、指揮系列をどうするかが問題となった。

統合対策本部の事務局長として細野補佐官が東電に陣取り、現場の状況を見極めた結果、自衛隊に総合的な調整役を持たせるのがよいということになった。海江田大臣と細野補佐官の名で一八日に「指示書」を出し、二〇日に、改めて私の名でも「指示書」を出した。その指示書には、放水などの「現場における実施要綱」については、現地作業所において、自衛隊が中心となり、関係行政機関及び東京電力株式会社の間で調整の上、決定すること」、作業の実施については、「現地に派遣されている自衛隊が現地調整所において一元的に管理すること」と明記した。

東電と政府の統合対策本部ができたからこそ、東電と政府の各機関とが一元的に動けるようになったわけだが、さらに、自衛隊と警察や消防が一元的に動けるようになったのも、統合本部の細野補佐官らが関係する省庁と調整したからである。

国家的な危機にあたっては、自衛隊を中心として取り組むしかないと、警察や消防のトップと現場も認識してくれた結果である。

実は、自衛隊の下で警察や消防が作業したのは、初めてのことだった。法律的にも、自衛隊と警察等が協力する場合の取り決めはない。今回の事故は、とにかく時間との勝負であり、地域的に限定しているので、このような「指示書」を出せたが、当然、議論はあった。しかし、迷っている状況ではなかった。

自衛隊がそこまで出なければ収束できないほど、危機的状況にあったのである。

影響は広範囲へ波及

原発事故がさらに拡大するという危機は脱したのではないかと思えるようになったのは、四月下旬のことだ。

東電は四月一七日に「福島第一原子力発電所・事故の収束に向けた道筋（ロードマップ）」を発表した。それによれば、「放射線量が着実に減少傾向となっている」、つまり「原子炉の安定冷却と汚染水保管場所の確保」をステップ1として、達成時期の目安は三か月程度。「放射性物質の放出が管理され、放射線量が大幅に抑えられている」、すなわち「安定冷却の維持と汚染水の低減」をステップ2として、達成時期の目安はステップ1終了後に三〜六か月後としていた。当面取り組まなければならない課題は三分野五つとし、第一分野「冷却」が（一）原子炉の冷却、（二）使用済み核燃料プールの冷却、第二分野「抑制」が、（三）放射性物質で汚染された水（滞留水）の閉じ込め、保管・処理・再利用、（四）大気・土壌での放射性物質の抑制、第三分野「モニタリング、除染」が（五）避難指示／計画的避難／緊急時避難準備区域の放射線量の測定・低減・公表、と挙げた。

東電だけでも、これだけの課題があったのである。あくまで事故収束のためのロードマップなので、賠償などについてはここには記されていない。

その一か月後の五月一七日、東電はこのロードマップの「進捗状況について」と題する文書を発表し、ステップ1、2とも、達成の目安は変更なしとした。その通りであれば、ステップ1の原子炉の安定的な冷却が可能となるのが七月、安定が維持され汚染水が低減するのが、一〇月から翌年一月となる。

これを受け、政府としても、原子力災害対策本部会議で、「原子力被災者への対応に関する当面の取組方針等」を決定した。これは、避難生活の改善、仮設住宅、仕事、子どもの教育、新たな継続的避難、さらには家畜などに対する対応について、各省庁一丸となって、きめ細かくフォローするという内容だ。

事故により放射線がかなり広範囲で高い数値を記録するようになり、健康被害、食品への影響などが懸念され、政府はその対応にも追われた。瓦礫の処理という問題もあった。

一つの事故が、とんでもない広範囲に影響を及ぼしていた。

東電そのものの経営危機をどうするかという問題も浮上していた。さらには、損害賠償を東電にさせるのかどうかという問題もあった。いずれにしろ巨額の資金が必要だった。国庫から出すにしてもどのようなスキームが考えられるのか。夏の電力需要にどう対応するかも考えなければならない。

地震と津波被害からの復旧、復興という問題もあれば、それ以外の内政・外交も疎かにはできない。国政も問題は山積していた。

原発事故現場の懸命な努力

その後、七月一九日には原子力災害対策本部において、循環注水冷却システムが稼働し、安定的な冷却を実現するとともに、新たな放射性物質の放出も事故直後の二〇〇万分の一にまで抑えられているなど、ロードマップのステップ1が達成されたことが報告された。これは、何よりも増して、原発事故現場の最前線で、吉田所長をはじめとする東電社員のみならず、関連企業の従業員も含めた現場の皆さんが事故収束に向けて懸命に取り組んだことによるものである。

私は、それに先立つ七月一六日にJヴィレッジに二度目の訪問をしたが、そこで現場の方々にお会いし、「かなりのところまで原子炉が抑えられつつあるのは、皆さんの献身的な働きのおかげだと、本当に心から感謝しています。皆さんの力で、日本が救われていると思っています。」と、直接感謝の気持ちをお伝えすることができた。現場の皆さんへの感謝の気持ちは今も変わらない。そして、今なお、原発事故の現場で懸命の努力を続けている人々には、改めて心から敬意を表したい。

避難所

原発事故に対する緊急的対応の時期が過ぎても課題は山積していた。私は改めて、地震、津波による被害の状況、そして原発事故による避難の状況を知るため、被災地といくつかの避難所や仮設住宅を訪れた。地震、津波の被災地は、海岸部は根こそぎ流されている。瓦礫の処理、仮設住宅、漁業の再建、そして町と住宅の再建は、時間はかかっているものの、次第に復旧復興が進んできた。

その中で、福島から避難している人々からも話を聞くことができた。原発の近くから避難してきたある女性は、「私の夫は東電の社員で福島原発で働いています。そのため周りから厳しい目で見られています。夫は危険を承知で現場で働いています」と涙ながらに話してくれた。

またある男性から「ここから私の家まではアメリカに行くよりも遠い」と言われた時、私には返す言葉がなかった。地震や津波で避難されている人のご苦労も大きいが、原発事故では家は無傷でありながら、その家に戻れないという点で、精神的にも大きな負担をかけていることを痛感した。

避難先で子供が差別され、いじめにあっている話も聞いた。福島原発事故が多くの人たちに精神的にも深い傷を与えていることを痛切に感じた。

脱原発に舵を切る

震災からの復興や原発事故対応に加えて、原発を含むエネルギー政策の転換についても取り組み始めた。

その中で、私が、次第に脱原発へ舵を切っていった経緯を述べていきたい。

原発についての考えを、私は三月一一日の原発事故を経験して変えた。今回の原発事故から分かった、国家が崩壊しかねないほどの原発事故のリスクの大きさを考えたら、「安全な原発」とは原発に依存しないことだと確信した。

もともと私が一九八〇年に初当選した当初所属していた社民連は、原子力は「過渡的エネルギー」と位置づけており、私もその観点で視察や国会質問を続けていた。だが、すぐには原発依存から脱却していける状況にはなく、三月一一日以前は、安全性を確認して原発は活用していくと考えていた。しかし、三・一一事故を境にして、考えを変えた。

発生確率が百年に一回の事故があるとする。それが交通事故なら、その車はかなり安全な乗り物と言える。しかし、仮にそれが「一回でも起きたら地球が崩壊する」というリスクであったら、百年に一回でも、千年に一回でも、誰もそんなリスクは取れない。福島の事故で私たちが目の当たりにしたのは、まさにその、リスクの大きさであった。

地震・津波・原発の「三重のリスク」を負っている場所は、この地球上で、米国西海岸と日本列島の二か所ぐらいだ。しかも日本は広大ではないので、原発事故が最悪のケースになれば、国家の機能が停止してしまいかねない。

従来考えていた安全性の発想では、そんなリスクには耐えられない。いくら「原発の安全を守る五重の壁」を七重の壁にしても、津波対策で堤防を高くしたところで、結局ヒューマンエラーを含めて事故が起きる可能性は残る。テロもその一つだ。国際情勢はテロの脅威を解決できていない。これまで原発はミサイルで直撃されない限りは安全だと言われていたが、今回の事故で、電源が喪失しただけで大変な事態に陥ることを世界中のテロリストに教えてしまった。数十人のテロリストが侵入して電源ケーブルを切断するだけで、日本は壊滅の危機に瀕するのだ。

そういうことを踏まえると、原発依存度を下げて、原発に頼らなくてもいい社会を目指すのがいちばんの安全である――このように、私の考えは変わった。
私は三月末から公の場で脱原発への方向を徐々に表明していった。あまり大きな記事にはならなかったが、社民党、共産党との党首会談がその最初だ。

エネルギー政策の見直しを表明

三月三〇日の社民党の福島党首との会談では、原子力安全・保安院の在り方を議論していくべきと言い、また、「自然エネルギーの割合が低いので、増えるように応援する仕組みを考えなければ」とも言った。その直前にドイツの地方選挙で脱原発派の九〇年連合・緑の党が躍進したことも話題になったと記憶している。

また、三月三一日には共産党の志位和夫委員長と会談し、福島第一原発は一号機から六号機まですべてを廃炉にすべきとの見解を示し、さらに前年（二〇一〇年）六月に閣議決定されたエネルギー基本計画を白紙に戻して見直すことも表明した。この二〇一〇年のエネルギー基本計画は、原発を日本の中心的なエネルギー源と位置づけ、二〇三〇年までに少なくとも一四基以上の原発を増設するというものだった。この時点で、私としては、マイナス一四基をまず決めていたのだ。

これは、会談で志位委員長が基本計画の中止を求めてきたので、それに応じるかたちで表明したのであり、べつに共産党に言われたので白紙に戻すと決めたわけではない。その前から私の頭の中ではこの計画はもう無理だとの思いがあった。

なお共産党は社民党とは違い、従来、原子力の平和利用推進の立場だった。

同じ三一日には来日していたフランスのサルコジ大統領と会談し、共同記者会見に臨み、「原子力、エネルギー政策は事故の検証を踏まえ、改めて議論する必要がある」と答えた。

お役所言葉的で、一般の国民には分かりづらい表現かもしれないが、これは、「原子力政策を見直す」という意味であり、原子力推進の立場の官僚に対する一種の宣戦布告でもあった。

四月一八日の参議院予算委員会では、今後の原子力政策について質問されたので、「安全性をきちんと確かめることを抜きにして、これまでの計画をそのまま続けることにはならない」と答弁した。さらに、これまでに決まっている原発の新増設計画については「何か決まっているから、そのままやるということにはならない」とも言った。

核燃料サイクルについても、「必ずしもしっかりした体制が取れていない中で使用済み核燃料が（原発内に）保管されていたことも検証しなければいけない」と問題意識を持っていることを明らかにした。

さらに踏み込んだ発言をしたのは、四月二五日の参議院決算委員会で、共産党からの質問に対し、「これまで決めてきたエネルギー基本計画をもう一度徹底して検証する中から、ある意味、白紙の立場で考える必要があると思っている」と答弁した。

東電の賠償責任問題

四月二九日の衆議院予算委員会では、補償の問題について、「まずは事業者である東電が一義的な責任を持つ」と答弁した。

これは、東電の賠償責任について、原子力損害賠償法第三条に、原子炉の運転等により原子力損害を与えた時は、その事業者が損害を賠償する責めに任ずるとあるが、「ただし、その損害が異常に巨大な天災地変又は社会的動乱によって生じたものである時は、この限りでない」ともあるので、今回の事故は免責されるのではないかとの質問への答弁だった。

私は、この規程をそのまま認め、東電に対して免責するということになると、「東電には賠償責任はない、そして国がすべての賠償責任を負う、それはやはり少し違うのではないか」と述べたのである。

東電に第一義的な責任があるとした上で、政治的な意味あるいは行政的な意味を含めて、それが適切に支払われるように政府としても責任を持ちたいとも述べた。

東電が免責されると考えていた勢力にとっては、私のこの答弁は心外だったようだ。

浜岡原発停止要請

五月六日、私は記者会見を開き、中部電力に浜岡原発の停止を要請すると発表した。

この件については憶測を含め、さまざまなことが語られているので、改めて私から見た事実を記そう。

前日の五月五日、海江田経産大臣が浜岡を視察した。この視察は私が指示したわけではない。六日に、海江田大臣がやって来て、浜岡を視察してきたと報告し、「浜岡は運転停止をしたほうがいいと思う」と言った。海江田大臣は経産省の役人も連れて視察に行っているので、停止しようとの方針も省内の了解を得た上でのことであったようだ。

三月の終わり頃から、私自身、浜岡原発を何とか止められないかと考えていた。浜岡原発は地震や津波で大事故になる危険性が前から指摘されており、脱原発運動をしている人たちの間でも、とにかく浜岡だけでも止めてくれという声は大きかった。文科省の地震調査研究でも危険性が指摘されていた。

どのようにして止めるか、思案していたところに海江田経産大臣から止めたいと言ってきた。「菅さんの思いは分かっていましたから」と海江田大臣が言ってくれたので、そうかと思った。

経産省はあれだけの事故を目の当たりにしながらも原発推進の方針を変えていなかった。少なくとも、原発維持である。その経産省の事務方がよく了解したものだと驚いた。

しかし実は、経産省の事務方は一つのシナリオを描いていたようだ。原発事故後は、定期点検のために停止している各地の原発の再稼働は困難な状況だった。そこで、「浜岡は危険だから止めますが、他は安全ですから再稼働させます」というシナリオを書いていたようだ。

海江田大臣がどこまでそのシナリオを承知していたかどうかは私にも分からないが、少なくとも私はそんなシナリオは承知していなかった。

六日の午後一時頃に海江田大臣が来て、すぐにでも記者会見をしたいというので、それをいったん止め、夕方に改めて話し合うことにした。その結果、重要な問題なので、総理である私が記者会見をすることにした。経産省が用意していた会見内容では、明らかに、「浜岡は危険だから止めるが他は安全なので再稼働も含め稼働し続ける」と受け取れるものだった。私は他の原発には触れないで、次のように発表した。

「国民の皆様に重要なお知らせがあります。本日、私は内閣総理大臣として、海江田経済産業大臣を通じて、浜岡原子力発電所のすべての原子炉の運転停止を中部電力に対して要請をいたしました。その理由は、何と言っても国民の皆様の安全と安心を考えてのことであります。同時に、この浜岡原発で重大な事故が発生した場合には、日本社会全体に及ぶ甚大な影響も併せて考慮した結果であります。

文部科学省の地震調査研究推進本部の評価によれば、これから三〇年以内にマグニチュード八程度の想定東海地震が発生する可能性は八七パーセントと極めて切迫をしております。こうした浜岡原子力発電所の置かれた特別な状況を考慮するならば、想定される東海地震に十分耐えられるよう、防潮堤の設置など、中長期の対策を確実に実施することが必要です。国民の安全と安心を守るためには、こうした中長期対策が完成するまでの間、現在、定期検査中で停止中の三号機のみならず、運転中のものも含めて、すべての原子炉の運転を停止すべきと私は判断をいたしました。

浜岡原発では、従来から活断層の上に立地する危険性などが指摘をされてきましたが、さきの震災とそれに伴う原子力事故に直面をして、私自身、浜岡原発の安全性について、さまざまな意見を聞いてまいりました。その中で、海江田経済産業大臣とともに、熟慮を重ねた上で、内閣総理大臣として本日の決定をいたした次第であります。

浜岡原子力発電所が運転停止をした時に、中部電力管内の電力需給バランスが、大きな支障が生じないように、政府としても最大限の対策を講じてまいります。電力不足のリスクはこの地域の住民の皆様をはじめとする全国民の皆様がより一層、省電力、省エネルギー、この工夫をしていただけることで必ず乗り越えていけると私は確信をいたしております。国民の皆様の御理解と御協力を心からお願いを申し上げます。」

私がこのような会見をしたことで、再稼働問題は経産省が書いたシナリオとは異なる方向に進んでいく。

浜岡の件では、私が自ら会見を行い、経産省の狙いをひっくり返したので、次の九州電力の玄海原発では、経産省側は私に相談なく既成事実を積み上げていった。そのため、私と海江田大臣との関係がぎくしゃくすることになった。

エネルギー政策の転換

中部電力に対して、稼働している原発を止めろと命令する権限は、内閣にはなかった。そのため、「停止要請」というかたちを取ったが、許認可事業である電力会社が要請を断る可能性はないと考えていた。実際、中部電力は浜岡原発の停止を決めた。

五月一〇日の記者会見では、政府として「原子力事故調査委員会」の発足準備を進めていると発表した。この委員会の基本的な考え方として、「従来の原子力行政からの独立性」「公開性」「包括性」の三つを挙げた。技術分野だけの検証ではなく、制度、組織的な問題にも踏み込むようにしたのだ。これがいわゆる「政府事故調」となる。この政府事故調の設置は五月二四日に閣議決定した。

またこの日の会見では、今後のエネルギー政策についても語った。

「原子力については、何よりも安全性をしっかりと確保することが重要」「原子力と化石燃料が特に電力においては大きな二つの柱として活用されていたが、これに加えて今回の事故を踏まえ、また、地球温暖化の問題も踏まえて、太陽・風力・バイオマス（生物の資源）といった再生可能な自然エネルギーを基幹エネルギーのひとつに加え、さらに省エネ社会を作ることも柱とする」と述べた。

エネルギー政策の転換については西日本新聞の記者からの質問に答えるかたちで、「現在のエネルギー基本計画では、二〇三〇年において総電力に占める割合として、原子力が五〇パーセント以上、再生可能エネルギーは二〇パーセントを目指すとなっております。しかし、今回の大きな事故が起きたことによって、この従来決まっているエネルギー基本計画は、いったん白紙に戻して議論をする必要があるだろうと、このように考えております」と述べ、記者会見という公の場で、エネルギー基本計画を白紙に戻すと言明した。

たしかにこの時点では「脱原発」とは述べていないが、実質的には脱原発の方向を打ち出していた。少なくとも、二〇三〇年に原子力が五〇パーセントの割合という計画は白紙だと言っているのだから、現状よりは少なくなるのが当然である。

新しいエネルギー計画の策定は野田佳彦内閣に引き継がれており、広く国民の意見を聞きながら進めている。その出発点はこの会見にあった。

海水注入問題での攻撃

五月六日に浜岡原発を停止させ、私が脱原発の姿勢をはっきりさせ始めた頃から、私に対する攻撃が激しくなってきた。

その第一弾が「海水注入問題」だ。五月二一日に、読売新聞や産経新聞が「菅総理大臣が海水注入をストップさせたためにメルトダウンが起きた」という趣旨の記事を掲載した。しかし事実はまったく違う。第一章で述べたように、海水注入が始まっていたことは私には知らされておらず、ストップさせる指示など出していない。その上、官邸にいた東電の武黒フェローからの「停止するように」との電話に対し吉田所長は、注水は必要と判断し、フェローの指示を無視して注水を続けていたことが後に判明した。

さらには一号機のメルトダウンは注水が始まる前の三月一一日二〇時頃に起きたことも後に判明している。この記事はすべての点で間違っている。

国内の一千万戸の家庭の屋根に太陽光パネルの設置——フランスでの宣言

五月後半になると、私を退陣に追い込もうという動きが加速してきており、政局はきな臭くなっていた。五月二五日からはフランスでサミットが予定されていた。

二五日に、パリで開催されたOECD五〇周年記念行事でのスピーチで、私は「発電電力量に占める再生可能エネルギーの割合を二〇二〇年代のできるだけ早い時期に、少なくとも二〇パーセントを超える水準とする」という目標を表明した。

具体的には、太陽光発電のコストを二〇二〇年に現在の三分の一に、三〇年には六分の一まで引き下げ、国内の一千万戸の家庭の屋根に太陽光パネルの設置をめざすという方針も打ち出した。太陽光以外でも、大型洋上風力発電、次世代バイオマス燃料、地熱発電の開発も進めると強調した。

ドービル・サミットでは、大震災での日本人の我慢強い態度が賞賛を受けるなど、よい雰囲気の中で閉幕し、五月二九日に帰国した。

動き出した政局

究極の「菅降ろし」が六月二日に提出された「菅内閣不信任決議案」であった。

脱原発の姿勢を明確にした私に対し、民主党の小沢元代表は自民党の森喜朗元首相に、不信任案を出せば小沢グループは賛成すると言って、もちかけた。二〇一二年七月七日の産経新聞での森元首相のインタビューによると、小沢氏は森元首相に連判状を突き付けて、「自民党が不信任案を提出したら俺たちも乗る。菅内閣を倒したら谷垣総裁を首相指名して大連立だ！」と言ったとある。

六月二日、私は不信任を回避するため、衆議院本会議直前の代議士会で「震災への取り組みに一定の目処がついた段階で、私がやるべき一定の役割が果たせた段階で、若い世代に責任を引き継いでもらいたい」と述べ、不信任決議案への否決を求めた。その結果、鳩山元代表を含め、民主党議員の大半は不信任案に反対し、大差で否決された。小沢氏は採決を欠席した。

「総理大臣の任期」は憲法にも内閣法にも定められていない。内閣不信任決議案が可決した場合は、総辞職するか解散を選ぶしかない。解散を選んだ場合も任期満了で選挙となった場合も、その総選挙後の最初の国会で総辞職し、改めて首班指名が行われる。憲法で決まっているのはこれだけだ。したがって、衆議院議員の任期と一応は連動していると考えていい。

私は自分が何年やりたいという以前の本質論として、総理大臣が短期間に交代するのは国益上、問題があると考えていた。本来なら選挙で勝って政権交代を果たした総理が四年間続けることを慣例とすべきだ。しかし、「一定の目処がついたら若い人に責任を引き継ぐ」と言って、民主党分裂を回避せざるを得ない情勢では、任期満了までの続投は無理と判断した。

六月二日の記者会見では退陣時期については、「震災の復旧・復興と、原発事故の収束に目処がついたら」と述べた。

再生可能エネルギー特措法を成立させると決意

私の内閣で何としても実現したい重要な法案として、再生可能エネルギー特別措置法案もあった。

再生可能な自然エネルギーを用いて発電された電力を、一定期間固定価格で電気事業者が買い取ることを義務付ける法律で、これが成立すると、自然エネルギーの普及に拍車がかかり、結果的には脱原発へとつながるのだ。この法案は偶然にも、三月一一日の地震直前に閣議決定し、国会へ提出されていた。

前年の秋から、私は三〇年前からの友人であるジャーナリストの下村健一氏に内閣府審議官になってもらい広報を担当してもらっていた。彼の発案により、首相官邸のホームページ内に私が自分でブログを書くコーナーを設けてあった。これは今も官邸のホームページから読めるはずだが、そこに六月六日から断続的にエネルギー問題について書くようにした。第一回は、こう書いた。

〈私と風力発電

政府は今国会に、《次の時代》への大きなステップとなる法案を出しています。その伏線は、今から三〇年余り前にさかのぼります。

私は国会議員に初当選した一九八〇年の暮れ、多くの市民団体を視察しに、アメリカに出かけました。その一環で、何十種類もの風力発電が試験運転されているウィンド・テスト・センター（デンバー郊外）を訪れました。

「発電された電気はどうするのですか」と聞くと、「送電線に逆送されて、電力会社に売っている」という返事。それなら、自家消費しないときの発電も、有効に活用できます。そこで、帰国して早速、日本でも同じことができないかと取り組みましたが、電力会社による買い取りを制限する「電気事業法」の壁にぶつかってしまいました。

国内でも、科学技術庁（当時）が「風トピア計画」という風力発電の試験プロジェクトを始めたので、私も応援する立場から国会で取り上げました。三宅島に東電が設置した、二基の大型風力発電機も視察しました。しかし結局、「採算性がない」という結論で、計画は終了してしまいました。

私が初当選して、三十年余。この間、風力や太陽光発電は、電力会社からは邪魔者扱いされ、その結果として、せっかく優れた技術を持ちながら本格的な開発ができず、ヨーロッパ諸国に比べて大きく立ち遅れてしまいました。今回の原発事故を契機に、エネルギー基本計画を白紙から見直し、風力や太陽光発電などの自然エネルギーを、《次の時代》の基幹的エネルギーとして育てることにしたいのです。

そのための大きなステップとなるのが、「自然エネルギーによって発電した電気を固定価格で買い取る」という制度です。これができれば、新人議員の時に私がぶつかった法の壁は、突破できます。そこで、固定価格買い取り制度の法案を、閣議決定にまで漕ぎ着けました。今年の三月一一日のことです。しかし、その当日に、大震災は起こりました。

このために少し遅くなってしまいましたが、この法案は、今の国会に出しています。この法案を成立させ、早期に採算が取れる水準に価格を設定すれば、風力や太陽光発電は、爆発的に拡大するはずです。〉

結局この再生可能エネルギー特措法は、私の内閣の最後の仕事として二〇一一年八月二六日に成立した。テレビ・ニュースで放映されて有名になったが、国会内の集会で、「国会には私の顔を見たくないという人がいる。もし見たくないのなら一日も早く再生可能エネルギー特措法を通してくれ。そうすれば一定の目処がつく」と挑発した。

笑顔が戻ったと言われたオープン会議

浜岡原発を止めた頃から、私が脱原発へと舵を切ったと受け取り応援してくれる人が出てきたが、再生可能エネルギー法案を通すという具体的な目標ができたことで、脱原発への動きは運動としても分かりやすくなったと思う。

六月七日の国家戦略室が担当している新成長戦略実現会議の第九回会議では、「革新的エネルギー・環境戦略」が議題となった。

運動として「脱原発」を叫ぶことは大きな意味があるが、政府の政策となると、エネルギー戦略全体を考えた上でなければ、絵に描いた餅になってしまう。会議冒頭、私は「この国が、経済がさらに発展すると同時に、新しいエネルギーのパラダイム転換というものを実現するために、いかに実行に移していくかと、このことにつなげていきたい」と述べた。

脱原発のためには、原発に代わるエネルギーが絶対に必要なのだ。

六月一二日の日曜日、官邸で、自然エネルギーに関する「総理・有識者オープン懇談会」を開催した。これはインターネットを通じてリアルタイムで中継されたもので、中心になってくれたのは、内閣参与を引き受けてもらっていた田坂広志多摩大学大学院教授だ。ソフトバンクの孫正義社長、サッカー日本代表の監督だった岡田武史氏、環境ジャーナリストの枝廣淳子氏、ap bank代表理事の小林武史氏、そしてニューヨークからミュージシャンの坂本龍一氏が参加してくれ、大変、有意義な会議となった。

この会議の記録は官邸ホームページの菅内閣のページにある「総理の動き」に動画として保存されているので見ることができるし、『総理、新しいエネルギー社会を一緒に創りましょう』(武田ランダムハウスジャパン)として出版されているので、ぜひお読みいただきたい。

私は冒頭の挨拶で、「従来、化石燃料と原子力というものが、大きな二つの柱でありましたけれども、自然エネルギー、再生可能な自然エネルギーをもう一つの柱。そして、省エネルギーをもう一つの柱。この二つのエネルギーをより育てていくことこそ、これは日本の成長にとっても大変重要だし、もちろん、日本の社会にとっても重要であります。（中略）今の私の立場で、政府として方向性を出させていただいたのは、二〇二〇年代初頭早い段階に自然エネルギーを二〇パーセントを少なくとも達成しようと、こういうことであります」と述べた。

さらに、会議の中で、自然エネルギーについての関わりや思いを、二つの立場から語った。「国政の最高責任者」という立場の中で発言することが多かったが、この会議では「個人」という立場での言葉も織り交ぜた。そのためか、普段より自然に話せたし、好意的な反応も随分いただいた。

震災と原発事故が起きてから、笑えるような楽しい場面は滅多になかった。原発が最悪の危機を脱したかと思うと、厳しい政局が待っていた。そんな私にとって、このオープン懇談会は、政局とは関係のない人々と、もともと好きな科学に関する話ができたので、久しぶりに楽しいひとときだった。「地球を救うのは実は植物だ」という持論を展開し、司会の藤沢久美さん（シンクタンク・ソフィアバンク副代表）に笑われるひとコマもあった。

オープン懇談会を通じて実感したのは、「自然エネルギーの普及を促進しよう」という大きなうねりの存在だった。以前から私のもとへ、個別にはさまざまな取り組みが聞こえてきてはいた。その「点」が、「面」に拡がり始めていると実感した。これは原発事故を通じて、国民一人ひとりが「自分がすべきこと」を考え始めているからだとも思った。

オープン懇談会は翌週も開き、今度は「総理・国民オープン対話」として、一二日の会議開催中にツイッターで寄せられた質問に答えるというかたちを取った。官邸で私が直接コメントや回答を述べた他、全国各地でグループで会場に集まって視聴参加した人々ともメッセージの交換をした。冒頭の挨拶では、「今日も、総理大臣という立場はもちろん極めて重要な立場でありますので、責任あることを言わなければいけないと同時に、私なりの思いや考え方もお伝えできればと思っております」と述べた。

この頃すでに、国家戦略室の中に「エネルギー・環境会議」を設置し、従来は経産省に委ねられていたエネルギー政策を、環境省や農林水産省など全省庁にまたがる政策に転換し、六月二二日に第一回の会合を開催した。

このことは脱原発へと向かう行政改革として重要な意味を持つことになる。

復興基本法の成立

六月二五日には、東日本大震災復興構想会議が開催され、「復興への提言〜悲惨のなかの希望〜」と題した提言書が、五百旗頭《いおきべ》真議長から手渡された。復興構想会議は四月一四日に第一回の会議が開かれ、これが一二回目だった。

私は「経済の問題、社会の在り方、コミュニティーの在り方、さらには、原子力事故の問題といった、本当に、大きな課題に対して、後世に残る重厚な提言をいただけたと受け止めています。今後は、この提言を最大限生かして、これからの復興にあたってまいりたい。すでに復興基本法が成立し、公布されている中で、週明けには、復興対策本部を正式に立ち上げ、この提言に基づく指針を作っていくことにしています」と述べた。

復興基本法は六月二〇日に成立していた。

復興基本法の成立に伴って復興大臣を一名新たに置くことが認められた。念願の閣僚の増員がやっと一名実現したことになる。私は大震災発生以来、被災地の復旧、復興のために心血を注いできた松本龍防災大臣に復興大臣をお願いした。松本大臣は、その後間もなくして被災地での発言をめぐり辞任したが、大震災発災以降、防災担当大臣として大変な責務を果たした。官邸地下の危機管理センターに常駐し、まさに寝食を忘れて陣頭指揮で事態にあたった。

松本大臣は何度となく被災地を訪れ、現地の声を最もよく聞いていた。

今後も、福島を含む被災地の支援は息長く続けていかなくてはならない。

原発事故担当大臣の誕生

六月二六日、松本復興大臣と同時に、細野補佐官を原発事故担当大臣に任命した。

細野補佐官をあえてこの時期に大臣にしたのは、原子力行政の根本的な見直しの段取りだけはつけたいと考えたからだ。保安院を経産省から切り離すことについては海江田大臣も合意していたので、それを確実なものにするために担当大臣を置きたいと考えた。となると、適任なのは、三月からずっと政府東電統合対策本部事務局長として原発事故を担当してきた細野補佐官しかいない。

これまで内閣には、原発推進側の経産省にしか大臣ポストはなかった。それをこの人事により、規制に関する権限を持つ大臣を置けた。霞が関の官僚の世界における解釈では総理大臣補佐官に対しては、官僚は報告義務がない。だが、大臣になると、関係する分野の官僚は報告義務が生じる。細野補佐官を大臣にしたことで、閣内に、つまりは政府内にチェック・アンド・バランスの関係が成り立つ。細野大臣を原子力改革の要に座らせた時点で、癒着構造を見直す第二ステージに入ったという認識だった。

この人事を発表する記者会見の場で、私は退陣条件として、第二次補正予算の成立、再生可能エネルギー促進法の成立、そして公債特例法の成立の三つを初めて公の場で挙げた。

玄海原発の再稼働問題

浜岡原発の運転停止が実現した後、経産省は私に説明をしないで、玄海原発の再稼働手続きを進めていた。玄海原発は立地自治体の了解が得られやすいとの読みもあったようだ。

海江田大臣が立地自治体の佐賀県を訪問した後、古川康県知事から、「総理の見解を聞きたい」との発言がマスコミを通じて伝えられた。私は、しっかりと安全性が確認できるかどうかが、判断の基準となるべきと考えていた。

そこで、海江田大臣に「安全性について原子力安全委員会の意見を聞くなど、十分に確認できているのか」と尋ねた。海江田大臣はそばにいた官僚に訊いて、「現行法では保安院だけの判断で再稼働を認めることができることになっており、原子力安全委員会の意見は聞いていない」という返事だった。

それに対し私は「三・一一以前からの法律がそうだとしても、福島原発事故の発生を防げなかった保安院の判断だけで決めるのは、国民の理解を得られない」と言った。そして、原子力安全委員会の関与と、ストレステストの導入を併せて検討するように指示した。

ＩＡＥＡは六月二一日に、原子力に関する閣僚会議の分科会で、天野事務局長が提案した「全原発の安全調査」を加盟各国が実施することで合意していた。これが、大規模な自然災害など最悪の事態を想定した「ストレステスト」と呼ばれるものである。この分科会では福島第一原発事故の暫定評価も行われた。この会議には海江田大臣が出席していた。

このＩＡＥＡの会議も踏まえ、再稼働のための具体的な方法として、国民が納得できる、本格的な法改正までの暫定ルールを作るように、海江田大臣に加え、細野大臣、枝野長官にも改めて指示した。

この問題のカギは、ストレステストに加え、再稼働の判断に原子力安全委員会の関与と地元自治体の合意を必要とし、最終的には、経産大臣、原発担当大臣、官房長官、そして総理の四人で判断するということを決めた点にある。

七月初旬、「やらせメール」問題が発覚した。玄海原発の二号、三号機の再稼働に向けた、経産省主催の「佐賀県民向け説明会」実施にあたり、九州電力が関係会社社員らに運転再開を支持する電子メールを投稿するよう指示していたのである。この発覚により、玄海原発の再稼働はかなり困難になった。

ストレステスト

このストレステストについても官邸のホームページのブログにはこう書いた。

「今回の各原発へのストレステスト導入をめぐっては、昨日、内閣としての統一見解をまとめました。私としては、《国民の皆さんが納得できるルール作り》を指示し、その方向でまとめることができたと思っております。決して思いつきではなく、《安全と安心》の観点から、辿り着いた結論です。

原子力安全・保安院が経産省の中に存在して、〝推進〟と〝チェック〟を同じ所が担っているという矛盾は、早く解決せねばなりません。これは、既にＩＡＥＡという国際的な機関への報告書の中でも言明しており、今になって急に言い出したことではありません。この考え方に立てば当然、各原発の再稼働の判断等を、現行の保安院だけに担わせることはできません。現行法制上はそうなっていても、現実として、独立機関である原子力安全委員会を関わらせるべきだ、というのが、今回の政策決定の土台です。この決定と並行して、問題の本筋である原子力規制行政の《形》の見直しも、既に検討作業に入っています。

一方で政府としては、当面の電力供給に責任を持つ、という、もう一つの《安心》も確保しなければなりません。そのために今、企業の自家発電の更なる活用や、節電対策の工夫など、電力供給の確保策についても、近日中に具体的方針を示せるよう、検討を指示しています。

従来のエネルギー計画を白紙から見直し、中長期的に再生可能エネルギー導入と省エネルギーを促進し、原発への依存から脱却してゆく――この明確な〝決意〟を、一日一日の中でどこまで〝形〟に置き換えていけるか。今日も全力で取り組みます。」

脱原発宣言

七月一三日の記者会見では、ついに現職の総理大臣として「脱原発依存社会を目指す」と決意を表明した。記者会見のうち該当部分を引用する。

「原発、あるいはエネルギー政策について、私自身の考え方を少し明確に申し上げたいと思います。

私自身、三月一一日のこの原子力事故が起きて、それを経験するまでは原発については安全性を確認しながら活用していくと、こういう立場で政策を考え、また発言をしてまいりました。しかし、三月一一日のこの大きな原子力事故を私自身体験をする中で、そのリスクの大きさ、たとえば一〇キロ圏、二〇キロ圏から住んでおられる方に避難をしていただかなければならない。場合によっては、もっと広い範囲からの避難も最悪の場合は必要になったかもしれない。さらにはこの事故収束にあたっても、一定のところまではステップ1、ステップ2で進むことができると思いますが、最終的な廃炉といったかたちまでたどり着くには五年、一〇年、あるいはさらに長い期間を要するわけでありまして、そういったこの原子力事故のリスクの大きさということを考えた時に、これまで考えていた安全確保という考え方だけではもはや律することができない。そうした技術であるということを痛感をいたしました。

そういった中で、私としてはこれからの日本の原子力政策として、原発に依存しない社会を目指すべきと考えるに至りました。つまり計画的、段階的に原発依存度を下げ、将来は原発がなくてもきちんとやっていける社会を実現していく。これがこれから我が国が目指すべき方向だと、このように考えるに至りました。

しかしその一方で、国民の生活や産業にとって必要な電力を供給するということは、政府としての責務でもあります。国民の皆さん、そして企業に関わっておられる皆さんの理解と協力があれば、たとえばこの夏においてもピーク時の節電、あるいは自家発電の活用などによって十分対応できると考えております。この点については、関係閣僚に具体的な電力供給の在り方について計画案をまとめるようにすでに指示をいたしております。

これまで私がたとえば浜岡原発の停止要請を行ったこと、あるいはストレステストの導入について指示をしたこと、こういったことは国民の皆さんの安全と安心という立場、そしてただ今申し上げた原子力についての基本的な考え方に沿って、一貫した考え方に基づいて行ってきたものであります。特に安全性をチェックする立場の保安院が現在原子力を推進する立場の経産省の中にあるという問題は、すでに提出をしたIAEAに対する報告書の中でもこの分離が必要だということを述べており、経産大臣も含めて共通の認識になっているところであります。

そうした中で、私からのいろいろな指示が遅れるなどのことによって、ご迷惑をかけた点については申し訳ない、このように関係者の皆さんに改めてお詫びを申し上げたいと思っております。

以上、私のこの原発及び原子力に関する基本的な考え方を申し上げましたが、これからもこの基本的な考え方に沿って、現在の原子力行政の在り方の抜本改革、さらにはエネルギーの新たな再生可能エネルギーや省エネルギーに対してのより積極的な確保に向けての努力。こういったことについて、この一貫した考え方に基づいて是非推し進めてまいりたい。このことを申し上げておきたいと思います。」

この会見での発言については政府全体として「脱原発」なのかと質問され、公式には私の「個人的な考え」と答えた。

たしかに閣議決定したわけではない。全省庁との調整も済んでいない。しかし、私としては、トップがこう考えているという大きな方向性をまずはっきりさせる意味で「個人的な考え」を表明することは当然あっていいと考えていた。その上で、脱原発を政府の方針にすべく動いた。

内閣として原発依存度低減を決める

七月一三日の「脱原発宣言」記者会見から二週間後の二九日、閣僚会議である「エネルギー・環境会議」において、内閣として「原発依存度を低減させる」ことを決定した。

さらに、脱原発依存を実現させる戦略を作るにあたっては、政府と専門家だけが決めるのではなく、国民の意見をベースにしなければならないことも決めた。

会議の最後に私はこう述べた。

「今日、まさに政府としてこの革新的エネルギー・環境戦略の提起ができました。今後、さらに議論を重ね、一年くらいかけて最終的な絵にもっていくために、この中間的なとりまとめをベースにして、内閣として政府としての方向性を、この延長上に打ち出せるよう一層の努力を心からお願いしたい。」

そして、この日の会議で決めたことは、私が退陣した後も野田内閣に引き継がれ、まさに国民的議論が展開され、約一年後の二〇一二年九月の、「二〇三〇年代に原発稼働ゼロを可能とするよう、あらゆる政策資源を投入する」という基本方針につながるのである。

もう一つの課題——社会保障と税の一体改革

総理就任以来、何としてもやり遂げたいと考えていた大きな政治課題が、「社会保障と税の一体改革」だった。

高齢化の進行で、一年経過するごとに、医療、年金、介護などの高齢者福祉にかかる国庫支出が毎年一兆円ずつ増加してきている。そしてこの一〇年間に増えた支出はすべて国債、つまり借金で賄ってきているのだ。

このことは長年政権の座にあった自民党のほうがよく分かっているはずだった。自民党は小泉純一郎内閣という支持率が高い政権の時でさえも、この問題を先送りしていた。鳩山政権で財務大臣となった私は、ギリシャ危機にも遭遇した。たしかに日本の国債はほとんどが国内で消化されているが、だからといって安心はできない。市場が日本国債はリスクがあると感じ取れば、いつ金利が高騰するか分からない。

こうした危機感から、私は総理就任直後、参議院選挙に臨むにあたり、消費税増税の検討をしたいと発言し、さらに具体的な税率として自民党が出していた一〇パーセントを参考にしたいと述べた。参議院選挙は厳しい結果に終わった。大勢の仲間が議席を失ったことについては、大きな責任を感じている。また、この選挙の結果、ねじれ国会となり厳しい国会運営を強いられるようになったことについても責任を感じている。

しかし、この社会保障と税の一体改革には与党も野党もない。そこで、何とか政局的なテーマとしないで取り組むことができないかと考えていた。自民党時代に財政改革研究会会長として消費増税を含む財政再建案を取りまとめる仕事をされていた与謝野馨《かおる》議員は、立ち上がれ日本の共同代表を務めていたが、その後無所属となっていた。二〇一一年一月に内閣改造をするにあたり、私は与謝野氏に社会保障と税の一体改革を担当する大臣としての入閣を要請した。

こうして、与謝野大臣は無所属として民主党と国民新党の連立政権の大臣となり、社会保障と税の一体改革に命懸けで取り組んでくれた。以来、震災対応に私が多くの時間を割かれている間も、与謝野大臣は社会保障と税の一体改革に全力で取り組み、六月三〇日に開いた政府・与党社会保障改革検討本部会合で、「社会保障・税一体改革の成案」と「社会保障・税番号の大綱」を決定した。これが野田政権に引き継がれた。

退陣へ向かって

八月は、「核」というものを考える季節だ。六日に広島、九日に長崎で、それぞれの慰霊式・平和祈念式に出席した。広島の式典では原発事故についてこう述べた（長崎でもほぼ同じことを述べた）。

「我が国のエネルギー政策についても、白紙からの見直しを進めています。私は、原子力については、これまでの『安全神話』を深く反省し、事故原因の徹底的な検証と安全性確保のための抜本対策を講じるとともに、原発への依存度を引き下げ、『原発に依存しない社会』を目指してまいります。

今回の事故を、人類にとっての新たな教訓と受け止め、そこから学んだことを世界の人々や将来の世代に伝えていくこと、それが我々の責務であると考えています。」

八月一五日には、原子力安全・保安院の原子力安全規制部門を経産省から分離し、環境省の外局として原子力安全庁（仮称）を設置し、その下に原子力安全規制に関する業務を一元化することを閣議決定した。

八月二六日に、公債特例法と再生可能エネルギー特別措置法が成立した。すでに第二次補正予算も成立していたので、私が重視していた三つの案件がすべて成立した。私は民主党代表を辞任すると発表した。

最後の挨拶

私の記者会見の原稿は、基本的に、官僚丸投げで作ることはなかった。特に八月二六日の総理退陣の最後の挨拶は、官邸で私を支えてくれた政治家と政治任用スタッフがいっしょに熟慮の上、私の思いを込めて作り上げたものだ。ぜひ一読して欲しい。

「政権スタートの直後、参議院選の敗北により、国会はねじれ状態となりました。党内でも昨年九月の代表選では全国の党員をはじめ多くの方々からご支持を頂き、再選させていただきましたけれども、それにもかかわらず厳しい環境が続きました。そうした中で、とにかく国民のために必要な政策を進める。こういう信念を持って一年三か月、菅内閣として全力を挙げて内外の諸課題に取り組んでまいりました。

退陣にあたっての私の偽らざる率直な感想は、与えられた厳しい環境のもとでやるべきことはやったという思いです。大震災からの復旧・復興、原発事故の収束、社会保障と税の一体改革など、内閣の仕事は確実に前進しています。私の楽観的な性格かもしれませんが、厳しい条件の中で内閣としては一定の達成感を感じているところです。

政治家の家に生まれたわけでもなく、市民運動からスタートした私が総理大臣という重責を担い、やるべきことはやったと思えるところまでくることができたのは国民の皆さん、そして特に利益誘導を求めず応援してくださった地元有権者の皆さんのおかげです。本当にありがたいと思っております。

私は総理に就任した時、最小不幸社会を目指すと申し上げました。いかなる時代の国家であれ、政治が目指すべきものは国家国民の不幸を最小にとどめおけるかという点に尽きるからであります。そのため、経済の面では雇用の確保に力を注いでまいりました。仕事を失うということは、経済的な困難だけではなくて、人として、人間としての居場所と出番を失わせることになります。不幸に陥る最大の要因の一つであります。

私が取り組んだ新成長戦略も雇用をどれだけ生み出すかということを、そうした観点を重要視して作り上げたものです。また、さまざまな特命チームを設置して、これまで見落とされてきた課題。たとえば硫黄島からの遺骨帰還や、難病・ウィルス対策、自殺・孤立防止などにも取り組んでまいりました。

そして三月一一日の大震災と原発事故を経験し、私は最小不幸社会の実現という考え方を一層強くいたしました。世界でも有数の地震列島にある日本に多数の原発が存在し、いったん事故を引き起こすと国家国民の行く末までも危うくするという今回の経験です。総理として力不足、準備不足を痛感したのも福島での原発事故を未然に防ぐことができず、多くの被災者を出してしまったことです。国民の皆さん、特に小さいお子さんを持つ方々からの強く心配する声が私にも届いております。最後の一日までこの問題に力を注いでまいります。

思い起こせば、震災発生からの一週間、官邸に泊まり込んで事態の収拾にあたっている間、複数の原子炉が損傷し、次々と水素爆発を引き起こしました。

原発被害の拡大をどうやって抑えるか、本当に背筋の寒くなるような毎日でありました。原発事故は今回のように、いったん拡大すると、広範囲の避難と長期間の影響が避けられません。国家の存亡のリスクをどう考えるべきか。そこで私が出した結論は、原発に依存しない社会を目指す。これが私の出した結論であります。

原発事故の背景には、『原子力ムラ』という言葉に象徴される原子力の規制や審査の在り方、そして行政や産業の在り方、さらには文化の問題まで横たわっていることに改めて気づかされました。そこで事故を無事に収束させるだけではなく、原子力行政やエネルギー政策の在り方を徹底的に見直し、改革に取り組んでまいりました。

原子力の安全性やコスト、核燃料サイクルに至るまで聖域なく国民的な議論をスタートさせているところであります。総理を辞職した後も、大震災、原発事故発生の時に総理を務めていた一人の政治家の責任として、被災者の皆さんの話に耳を傾け、放射能汚染対策、原子力行政の抜本改革、そして原発に依存しない社会の実現に最大の努力を続けてまいりたい、こう考えております。

大震災と原発事故という未曾有の苦難に耐え、日本国民は一丸となってこれを乗り越えようといたしております。震災発生直後から身の危険を顧みず、救援・救出、事故対応にあたる警察、消防、海上保安庁、自衛隊、現場の作業員の皆様の活動を見て、私は心からこの方々を誇りに思いました。

とりわけ自衛隊が国家、国民のために存在するという本義を全国民に示してくれたことは、指揮官として感無量であります。そして、明日に向けて生きようとする被災地の皆さん、それを支える被災自治体の方々、さらには温かい支援をくださっている全国民に対してこの場をお借りして心から敬意と感謝を表したいと思います。

大震災において日本国民が示した分かち合いと譲り合いの心に世界から称賛の声が上がりました。そして世界の多くの国々から、物心両面の支援が始まりました。必ずや震災から復興し、世界に恩返しができる日本にならなくてはならない。このように改めて感じたところです。

特に、大震災にあたってのアメリカ政府によるトモダチ作戦は、改めて日米同盟の真の重要性を具体的に証明してくれました。安全保障の観点から見ても、世界は不安定な状況にあります。我が国は、日米同盟を基軸とした外交を継続し、世界と日本の安全を守るという意思を強く持つ必要があります。五月に日本で開催した日中韓サミットでは、両国の首脳に被災地を訪問していただき、災害や困難に直面した際に互いに助け合うことの重要性を共有できたと思います。

また今、世界は国家財政の危機という難問に直面しています。私は総理就任直後の参議院選挙で、社会保障とそれに必要な財源としての消費税について議論を始めようと呼び掛けました。そしてその後も議論を重ね、今年六月、改めて社会保障と税の一体改革の成案をまとめることができました。

社会保障と財政の持続可能性を確保することはいかなる政権でも避けて通ることができない課題であり、最小不幸社会を実現する基盤でもあります。諸外国の例を見てもこの問題をこれ以上先送りにすることはできません。難しい課題ですが、国民の皆様にご理解を頂き、与野党で協力して実現してほしい。切に願っております。

私の在任期間中の活動を歴史がどう評価するかは、後世の人々の判断に委ねたいと思います。私にあるのは、目の前の課題を与えられた条件のもとでどれだけ前に進められるか。そういう思いだけでした。

伝え方が不十分で、私の考えが国民の皆様に上手く伝えられず、また、ねじれ国会の制約の中で円滑に物事を進められなかった点は、大変申し訳なく思っています。しかしそれでもなお私は、国民の間で賛否両論ある困難な課題に敢えて取り組みました。それは団塊世代の一員として、将来世代に私たちが先送りした問題の後始末をやらせることにしてはならないという強い思いに突き動かされたからに他なりません。

持続可能でない財政や、社会保障制度、若者が参入できる農業改革、大震災後のエネルギー需給の在り方などの問題については、若い世代にバトンタッチする前に適切な政策を進めなければ私たち世代の責任を果たしたことにはなりません。次に重責を担うであろう方々にもこうした思いだけはきちんと共有してもらいたいと、このことを切に願っているところであります。以上申し上げ私の退任の挨拶とさせていただきます。」

心残り

最後の挨拶でも述べたが、退陣にあたっての心残りは地震、津波の被災者そして原発事故の被災者のことだ。大震災から一年半を経過した今日でも被災者の多くは苦しみの中で生活しておられる。きめの細かい、長期的な支援をしっかり継続しなくてはならない。

その中で、特に福島原発事故で避難を余儀なくされている方々は、無傷の自宅がありながら、そこに帰ることができないという理不尽さに、精神的にも大きな負担を抱えておられる。新しい生活再建のため徹底した支援が必要だと考えている。

第三章　脱原発での政治と市民

大きな宿題

二〇一一年九月二日、野田内閣が正式にスタートした。

しかし、私が総理在任中に発生した大震災と福島原発事故の被害はまだ続いている。今後、原発をどうするのか、エネルギー政策をどう進めるのか。大きな宿題が残った。脱原発に進むには、原発に代わる再生可能な自然エネルギーを増やすことが必要となる。幸い、私の総理在任中に成立した固定価格買い取り制度（ＦＩＴ）により大きな条件が整った。これを進めることも重要な課題だ。

私は、脱原発と自然エネルギー問題に絞って、政治活動を続けることを決意した。

自然エネルギーの視察

まず、退陣した後、福島原発事故を契機に改めて「脱原発」に踏み切ったドイツ、発送電分離により自然エネルギーを拡大しているスペイン、風力に加え、地域暖房など熱エネルギー供給の進んだデンマーク、そして地域的に脱原発を実行したアメリカのカリフォルニア州サクラメント市を視察した。

ドイツは二〇〇〇年、社民党と緑の党の連立政権の時に、二〇二二年までに脱原発を実現することを一度決めていたが、その後保守党のメルケル政権になって、脱原発の期限を二〇三六年まで延長していた。しかし、もともと物理学者であったメルケル首相は、日本ほどの技術先進国でも重大な原発事故が起きたことを重視し、数か月の間に二〇二二年までの脱原発を改めて決めた。ドイツのこの決定は、一九八六年のチェルノブイリ原発事故以来の長い国民的議論を経た上での決定であり、経済界や労働界を含め、私が会った関係者はこの決定に納得し、国民的な合意となっているとの印象を受けた。

スペインはヨーロッパの西に位置し、風力と太陽光発電の比率が高い。発送電分離により、送電会社は発電会社とは独立の一社体制で、自然エネルギーによる発電の変化を全国一か所のコントロールセンターで制御していた。

デンマークは石油危機の時、政府が決めた原発建設に反対する運動が起き、国民的議論を経て原発のない国を選択。風力を中心に自然エネルギーを広く活用している。風力発電ではベスタスという世界で一、二を争う有力メーカーが生まれている。

アメリカ・カリフォルニア州のサクラメント電力公社は、一九八九年六月の住民投票の結果を受けて、ランチョ・セコ原発を停止させ、その後、省エネルギーなどのグリーン化で、それまで経営難だったが、経営の立て直しを進めている。ディマンド・レスポンスなど、消費者参加型の改革は大変参考になった。

この間、国内でも、自然エネルギーや省エネルギー関連の企業、さらに、風力、太陽光、バイオマス発電など多くの施設を視察し、専門家の話も聞いた。

このように私は総理退陣後一年にわたって、集中的に自然エネルギーと省エネルギーの可能性を研究した。その結果、原発がなくても我が国は必要な電力は十分賄えることを確信した。

経済界の原発必要論

「脱原発」の声が高まる一方で、経済界を中心に強固な原発必要論がある。経済界の首脳が「原発ゼロはあり得ない」と発言したとの報道もあったが、重大原発事故はあり得ないとしてきた原子力の安全神話を信じた上での発言か、真意を聞きたいものだ。福島原発事故がなかったような論理立てに驚く。

「原発が稼働しないと日本経済にマイナスだ」と言う財界人は、もし福島原発事故で首都圏から三千万人が避難を余儀なくされていたら、どれだけ日本経済がダメージを受けたか検証したのか。その時には日本は大混乱に陥り、経済的にも、社会的にも、国際的にも国家存亡の危機に陥っていたことは間違いない。そしてこの最悪のシナリオは危機一髪、紙一重で回避されたもので、今でも同じような事故が絶対に起きないとは誰も言えない。

まず、私たち日本人が経験した福島原発事故が、国家存亡の危機であったという共通認識を持ち、そこから再スタートすべきだ。それを忘れた議論、無視した議論はまさに「非現実的」な議論だ。

原発の本当のコストを考える

今回の原発事故により、原発事業は一民間企業が完全に責任を持てる事業ではないことが明らかになった。これは「原発はコストが安い論」が土台から崩壊したことを意味している。

まず原発建設のためのコストが世界中で上がっている。特に安全性に関しては、より厳しい基準を求める声が高まっており、コストアップになっている。

今回の事故での損害はどの程度になるのだろうか。家や仕事を失った方、家族と離れなければならなくなった方、何万もの人生が破壊され、その損害は金額に換算できない部分もあるが、国家戦略室のコスト検証委員会が出した試算によると、最低でも五兆八三一八億円だという。これには東電の廃炉費用が一・二兆円、東電の損害賠償費用が一過性のもので二・六兆円、初年度分だけで一兆円（二年度以降は一年あたり〇・九兆円）が含まれる。これに除染のための費用を加えるなどして、コスト検証委員会が補正して出したのが、下限で五兆八三一八億円という数字だ。約六兆円としよう。これを四〇年間の原発による発電量で割ると0.6円／kwhとなり、これが価格上昇の下限だというのが検証委員会の試算だ。

しかし、最悪のシナリオではどうなるか。

福島原発の事故で避難している人は約一六万人である。もし、首都圏までが避難区域となった場合、首都圏だけでも三千万人が避難することになる。単純に人口比だけを基にして計算しても、福島の二〇〇倍なのだから、一二〇〇兆円の損害が出ることになる。それを基にすると原発の電気は120円／kwh価格が上昇することになる。たとえば、火力の発電コストは12円／kwhだから、原発のコストは極めて高いことを意味している。

原発の安全神話は崩壊したが、原発は安価だという神話も崩壊したのだ。

バックエンドは解決策なし

当然、日本でも福島原発事故以降、原発のコストについての見直しが進んでいる。

しかし、多くの議論は、原発稼働をストップさせると、天然ガスなどの化石燃料コストが上がり、電気料金を上げなくてはならない、という点ばかりが強調されている。しかし、原発の稼働を続ければ、自然界には存在しない極めて危険なプルトニウムを含む核廃棄物が生まれる。使用済み核燃料の中間貯蔵、再処理、放射性廃棄物の処理・処分の部分をバックエンドというが、これについては何も根本的な解決方法が見つかっていない。

日本の核燃料サイクルの考え方は、通常の原発から出る使用済み核燃料から、再処理によりプルトニウムを取り出し、そのプルトニウムを高速増殖炉で燃料として使って発電するという考え方だ。

その時、燃焼するプルトニウム以上の新たなプルトニウムを生み出すので「増殖」という言葉が付いている。これは劣化ウランと呼ばれる、通常の原発では燃料として使えないウランの同位元素に中性子をあててプルトニウムに転換する技術である。

このように従来燃料としては使い物にならない劣化ウランから、プルトニウムを生み出せるということで、多くの国が開発に取り組んだが、実用化できた国はない。日本でも冷却材として使うナトリウムが漏出して事故を起こし、停止している。再処理も高速増殖炉も技術的、社会的問題が解決せず、実際には動いていないのである。

他方、原発のそばに設けられている使用済み核燃料プールはほぼ満杯に近い状態にある。原発を稼働させれば、電力会社の収支は改善されるが、使用済み核燃料など核廃棄物が増大し、その処理コストを考えると、早く原発を止めたほうが国家経済から見れば有利と、専門家の意見を参考にして、私は考えている。

プルトニウムの半減期は二万四千年、使用済み核燃料の有害度が元の天然ウランと同じレベルまで下がるのには少なくとも一〇万年ぐらいかかる。それまでの維持管理費がいったいいくらかかるのか。とても計算できない。たとえ地中深くに埋めたとしても、一〇万年の間にはどのような地殻変動が起きるか、予想もつかないのである。

火力発電よりも安いとされている「原発のコスト」とは、あくまで「電力会社にとってのコスト」であり、使用済み核燃料の処理のための費用は、電力会社のコストにはごく一部しか含まれていない。それどころか、核燃料サイクルが前提となっているので、使用済み核燃料はそのための「資源」と考えられ、資産として計上されている。

原子力ムラは、原発維持のために再処理が必要とし、そこから生まれたプルトニウムを消費するために高速増殖炉の開発が必要だとし、高速増殖炉が進まないためにプルサーマルが必要だとし、より危険で加工費の高いMOX燃料を原発に導入してきた。

原発維持を大義名分として巨額の資金を投入し続けようとしている。すでに、経済の原理からも大きく逸脱している。

電力会社の債務超過問題

再稼働問題では、これまで①安全性確認が十分か、②電力が不足するか、を中心に議論されてきた。しかし実は、再稼働を進めようとしている動きの背景にもう一つの大きな論点がある。それは、③現時点で再稼働しないまま廃炉にすることを決めた場合に、電力会社が債務超過になり、経営破綻しかねないという問題だ。つまり、稼働していれば資産価値のある原発が、廃炉となると無価値となることにより、電力会社が債務超過になる恐れがある。このように、電力会社の経営問題も検討しておく必要がある。感情論からの「電力会社解体」とか「つぶしてしまえ」などの意見を見かけるが、そういう次元で論じても何も解決しない。

この経営問題は、電力会社自身にとってはもちろんだが、国にとっても極めて重要な問題だ。日本航空の破綻の時、法的破綻手続きによる債務処理、リストラなどを、定常運航を続けつつ順次処理した。電力改革においても、原発を持つ電力会社が、突然破綻するのは避けなくてはならなかった。

事故発生直後は、事故収束作業と被害者への補償を、当事者である東電中心に進める必要があった。しかし事故から一年以上経過した今日、将来の原子力事業の在り方を考えると、まず発送電分離とともに、東電から原発部門を切り離すことを検討すべきだ。

東電以外の他の電力会社も、今回のような原発事故を起こした場合に完全に責任が持てない以上、原発部門の切り離しを検討すべきである。各電力会社の経営者は真剣に考えてもらいたい。

再稼働問題は、電力会社の経営問題と深く関わっており、そのことを国民の前に明らかにする必要がある。

現実的にすべての原発を廃炉にするためには、電力会社の経営問題に踏み込まねばならない。このように、原発の今後は、原子炉の安全性に加え、バックエンド問題、電力会社の経営問題を合わせて考えることが必要だ。

再生可能エネルギーへの参入が急増

経済界はこれまで電力業界に気兼ねをして脱原発や再生可能エネルギーを声高に主張してこなかったが、少し雰囲気が変わってきた。再生可能エネルギー関連のビジネスに参入する企業が急増している。

すでに多くの企業が再生可能エネルギー分野に進出している。儲かるとなれば、企業は本気になる。実は日本の電機メーカーは、太陽光発電や風力発電でも世界最先端の技術を持っていたが、日本の国策で原子力が優先されていたため、それらの技術が生かされなかった。しかし、今後はそれらが生かされる。かなり後れを取っているが、十分に巻き返せるだろう。

　再生可能エネルギーへの投資は大半は国内需要となり、雇用拡大にも役立つ。その上、再生可能エネルギーは石油や天然ガスのように外国から輸入する必要がない。

省エネも成長分野

「省エネ」も成長分野だ。省エネというと、「エアコンを使わずに我慢しよう」ということだと考えている人もいるが、それは違う。たしかに節電は大事だが、消費電力が少ない製品を使うことも省エネだ。ＬＥＤ電球はその代表である。

　工場であれば、高いコストを嫌い海外へ移転することもあり得るが、たとえば鉄道会社は国内で事業を展開するしかない。そのため、鉄道会社では少ない電力で走れる車両の開発が進み、かなり実用化していると聞く。デパートやコンビニといった流通業も店内の照明や空調、冷蔵装置などで、消費電力の少ないものを導入している。当然、家庭もだ。

　もちろん、そういった点を理解している経済人も多く、経済界も水面下では、原発から再生可能エネルギーへと転換しつつある。福島沖の浮体の風力発電計画やスマートグリッドなどの分野に日立、東芝、三菱重工など従来の原発建設の中心企業も参加している。

政治が「脱原発」へとエネルギー政策を転換し、再生可能エネルギー、省エネ、化石燃料のクリーン化などの技術開発を後押しすれば、さらにこの分野の産業が発展する。これらは日本の成長戦略の要になるはずだ。

原子力ムラの解体は改革の第一歩

冷静に考えれば、バックエンドの問題など、原発は三・一一事故の前から完全に行き詰まっており、今回の福島原発事故がはっきり答えを出したはずである。

つまり、原子力から再生可能な自然エネルギーへの転換は当然の選択である。それにもかかわらず、原発の建屋に一時しのぎの使用済み核燃料プールを設けてまで原発にこだわっているのはなぜか。

ここに、巨大な既得権益集団である原子力ムラの存在がある。私は五月二八日の国会の事故調査委員会の公開ヒアリングの最後に、次のように述べた。

戦前、軍部が政治の実権を掌握していったプロセスと、電事連を中心とする、いわゆる原子力ムラと呼ばれるものの動きとが、私には重なって思える。つまり、この四〇年間、東電と電事連を中心にした勢力は、原子力行政の実権を次第に掌握していった。その方針に批判的な専門家や政治家、官僚は、村の掟によって村八分にされ、主流から外されてきたと思う。

さらに、それを見ていた多くの関係者は、自己保身と事なかれ主義に陥って、この流れに抗することなく、眺めていた。これは私自身の反省を込めてのことだ。

現在、原子力ムラは、今回の事故に対する深刻な反省もしないままに、原子力行政の実権をさらに握り続けようとしている。戦前の軍部にも似た原子力ムラの組織的な構造、社会心理的な構造を徹底的に解明して、解体することが、原子力行政の抜本改革の第一歩だと考えている。

野田政権の原子力政策

私が総理を退陣した後、野田政権は社会保障と税の一体改革の実現に総力を挙げた。その間、新たな原子力規制組織やエネルギー基本計画の見直し、再稼働問題などは、閣内では枝野経産大臣、細野環境兼原発担当大臣、古川元久国家戦略大臣が中心になって進めてきた。

まず細野大臣が中心となって、経産省の原子力安全・保安院に代わる原子力規制委員会の設立を進め、環境省の中に独立性の高い原子力規制委員会を設ける法案が成立し、野田総理が委員を指名して九月一九日に発足した。

また、その前に昨年一〇月から、経産省の審議会、総合資源エネルギー調査会で将来のエネルギーについての議論を始めた。最終的には、二〇三〇年の総発電量に対する原発の割合について、〇パーセント案、一五パーセント案、そして二〇～二五パーセント案の三つの選択肢を示した。引き続いて、国家戦略室のエネルギー・環境会議に場を移し、三つの選択肢についての国民の意見を聞くことになり、大多数が〇パーセントを支持することが明らかになった。

党と内閣のエネルギー環境会議

野田政権は通常国会中に、エネルギー・環境会議で「革新的エネルギー・環境戦略」のとりまとめをめざした。これに先立って、八月二四日に民主党の中に、前原誠司政調会長を会長とする、エネルギー環境調査会が新たに設けられ、私も顧問として役員のひとりとなった。ここでは連日激しい議論を繰り返した。

議論をする上で、総理退陣後に行った数多くの視察と、専門家との議論が役立った。官僚は脱原発が電力のコストを上げるといった不利な点ばかりを強調する。しかし私は青森の六ヶ所村の再処理施設や福井のもんじゅを視察し、安全性とともに、原発を稼働させて核廃棄物を生み出すことによるコストは計り知れず、国全体としては経済的にもマイナスとなると主張した。最終的に民主党のエネルギー環境調査会として、九月六日、「二〇三〇年代に、原発稼働ゼロを可能とするようあらゆる政策資源を投入する」とする最終案を決定した。期限と原発ゼロの文言が入ったことは大きな成果だ。私は脱原発を二〇二五年までに前倒しできるよう努力することを胸に秘めて、了解した。

この民主党の決定を受けて、野田政権は九月一四日、「革新的エネルギー・環境戦略」を決定した。その内容は次の通りだ。

まず、「原発に依存しない社会の実現に向けた三つの原則」として、

一、四〇年運転制限制を厳格に適用する。

二、原子力規制委員会の安全確認を得たもののみ、再稼働とする。

三、原発の新設、増設は行わないことを原則とする。

以上の三つの原則を適用する中で、二〇三〇年代に原発稼働ゼロを可能とするよう、あらゆる政策資源を投入する。民主党の決定と平仄《ひょうそく》を合わせた方針となった。

市民の役割

このようなプロセスが進んでいる中で、二〇一二年の夏を前に、関西電力の大飯《おおい》原発の再稼働が決められた。経産省の「電力不足」という脅しに似た説得を、関係閣僚が跳ね返しきれず、野田総理の記者会見発表となってしまった。民主党内でも大畠章宏座長のもとのエネルギーPTや、荒井聡座長のもとの原発事故収束PTなどでの議論が活発に続いていた。

私は、再稼働の議論の前に脱原発のロードマップを作ることが重要と考え、四月に「脱原発ロードマップを考える会」を七〇名近い民主党国会議員で立ち上げた。そして六月には「遅く

とも二〇二五年までに原発ゼロを実現する」という提言をまとめ、その内容を「脱原発基本法」のかたちにした。

同じ頃、私とも交流のある、1000万人署名など幅広く脱原発運動を進めている人たちが、脱原発基本法制定全国ネットワークを立ち上げた。脱原発ロードマップの会は脱原発基本法の策定に全面協力し、通常国会の最終盤の九月七日に国会提出にこぎつけた。

また、私としては複雑な思いではあるが、この夏は毎週金曜日になると首相官邸前に大飯原発の再稼働反対を訴え、多くの市民が集まるようになった。与党の一員、総理経験者としてこういう光景を見る日が来るとは思わなかった。

昨年の三・一一以降、全国各地でデモや集会が開かれているのは、よく知っていた。私の若い頃も学生運動や市民運動が盛んで、多くのデモや集会があったが、その時とはまた別の盛り上がり方をしていると感じている。

私はこうした市民の動きは、反政府とか反大企業、あるいは反米を叫んだ旧来の左翼的なものとは異なり、政治・社会運動であると同時に、情報発信であり表現活動であるとも捉えている。

「もう原発はいらない」という思いの表明だ。今、多くの市民がそれぞれの地域や職場、家族や友人といったグループの中で、「原発はいらないよ」「でも、原発なしで電力は足りるのか」

「自然再生エネルギーっていうのがあるらしい」「原発のコストって、本当に安いのか」など、さまざまな疑問をぶつけ合い、語り合っている。

政府のエネルギー・環境会議では、全国各地で意見聴取会を開催し、国民から直接意見を聞き、さらにパブリックコメントも、手紙、ファクス、インターネットといった方法で寄せてもらった。これに多くの国民が応じて意見を寄せ、「原発ゼロ」を望む声が多いことが明確になった。作家の大江健三郎さんらが呼びかけ人となっている「さようなら原発1000万人署名」も、六月一五日の段階で七五一万人分も集まっていた。私も国会で行われた「さようなら原発1000万人署名報告集会」に出席し、その熱気を感じた。

毎週金曜日の官邸前抗議も、その延長だ。そこで先日は、官邸前抗議をしている人たちの代表を、野田首相と面談させる仲介をした。野田総理は十分意見を聞き、その後の判断の参考にしていると思う。

国民の選択

本書の執筆中も脱原発をめぐっては激しい動きが続いている。

野田政権が九月一四日に決めた「革新的エネルギー・環境戦略」で、「二〇三〇年代「原発ゼロ」という文言を入れたことに対し、経団連が激しく反発し、自民党総裁選では全候補者が一斉に「原発ゼロは無責任だ」と声を上げた。そして九月下旬、民主党では野田総理が代表に再任され、自民党では安倍晋三氏が総裁に選任された。これからの日本の原子力行政がどちらに向かうのか、この一年が大きな分かれ目だ。

民主党と野田政権は、「二〇三〇年代原発ゼロをめざす」ことを明確にした。政権を担当している政党が原発ゼロを言い切った意味は大きい。一年以内に行われる国政選挙は「原発ゼロ」にイエスかノーかを選択する選挙だ。

決めるのは、政治家でも経営者でもない。国民自らの生き方の選択だ。そして、子や孫へ何を残すのか、国民一人ひとりの覚悟が問われる選挙にしなくてはならない。

謝辞——あとがきにかえて

首相官邸での原発事故対応では多くの人の助けがあった。

当時の枝野幸男官房長官、海江田万里経産大臣、福山哲郎官房副長官、加藤公一、細野豪志、辻元清美、寺田学、芝博一の五人の総理補佐官をはじめ、官邸スタッフ全員が不眠不休で事故対応にあたってくれた。

特に事故を起こした原発と使用済み核燃料プールの日々の状況把握など、各省庁から派遣されていた総理秘書官、参事官の役割が大きかった。私が迅速にことにあたれたのもその情報に負うところが大きい。当時の総理秘書官（事務）だった、山崎史郎、羽深成樹、貞森恵祐、桝田好一、前田哲、山野内勘二、総理秘書官（政務）だった岡本健司、内閣参事官だった橋本次郎、水嶋智、平川薫、鎌田光明、豊岡宏規、生川浩史、総理秘書官付だった石田精司、梶田拓磨、宮下賢章、長谷川裕也、河野太、永山貴大、唐木啓介、他、お名前は挙げないが、事務官、警護官も含めた皆さんに改めて感謝したい。

また、広報担当の下村健一審議官の働きにも大いに助けられた。原発事故に関連して参与をお願いした日比野靖、齊藤正樹、有冨正憲、田坂広志の各氏にも大変助けられた。

官邸チームはよく動いたと思う。私が、原発事故に効果的に動けたところがあったとすれば、官邸チームのおかげだ。

総理秘書官、参事官の中でも、山崎史郎筆頭秘書官は私の〝イラ〟をものともせず、よく官邸チームをまとめて機敏に動いてくれた。また、岡本秘書官は二四時間、私のそばで連絡の要になってくれた。

総理退任後の活動では、事故前の総理秘書官（事務）だった新原浩朗氏に再生可能エネルギーの視察などで大いに助けられている。また、「自然エネルギー研究会」の橘民義会長に応援を頂いている。

今回の出版でも多くの人に協力いただいた。長年の友人、中川右介君には『大臣』（岩波新書）に続いて、今回も手伝ってもらった。幻冬舎の志儀保博、相馬裕子のお二人には妻・伸子の本に続いて、お世話になった。

そして最後に、私に代わって地元活動をしながら、気になる本や新聞記事を読むように「指導」してくれる、妻・伸子にも感謝。

著者略歴

菅直人《かんなおと》

一九四六年山口県宇部市生まれ。
第九十四代内閣総理大臣（在任四五二日間）。
七〇年東京工業大学理学部応用物理学科卒業。
現在、東京都武蔵野市在住。衆議院議員（十期）、弁理士。
八〇年衆議院議員選挙に初当選。社会民主連合副代表、
新党さきがけ政調会長などを経て、九六年一月から一一月まで、
第一次橋本内閣の厚生大臣を務める。同年、民主党を結成し、共同代表に。
九八年新たに結成された民主党の代表、政調会長、幹事長を歴任。
鳩山内閣では副総理、国家戦略担当大臣、財務大臣を務めた。
現在、民主党最高顧問。著書に『大臣』（岩波新書）などがある。

幻冬舎新書 283

東電福島原発事故 総理大臣として考えたこと

二〇一二年十月二十五日　第一刷発行

著者　菅 直人
発行人　見城 徹
編集人　志儀保博
発行所　株式会社 幻冬舎
〒一五一-〇〇五一 東京都渋谷区千駄ヶ谷四-九-七
電話 〇三-五四一一-六二一一(編集)
〇三-五四一一-六二二二(営業)
振替 〇〇一二〇-八-七六七六四三
ブックデザイン　鈴木成一デザイン室
印刷・製本所　中央精版印刷株式会社

検印廃止

Printed in Japan ISBN978-4-344-98284-0 C0295
か-16-1

幻冬舎ホームページアドレス http://www.gentosha.co.jp/
*この本に関するご意見・ご感想をメールでお寄せいただく場合は、comment@gentosha.co.jpまで。